JN097246

マドンナメイト文庫

禁断白書 わたしの衝撃的な初体験

素人投稿編集部

E N T S

C O N T

〈第三章〉複数の肉棒を同時に味わう絶頂体験

〈第四章〉初めてのオモチャで何度も超絶アクメ

※投稿者はすべて仮名です

〈第一章〉

泥酔した兄の奥さんに捧げた私の童貞

満員電車で逆痴漢をした美少年の無垢なペニスにしゃぶりつく淫乱ＯＬ

田辺杏奈　ＯＬ　三十四歳

私は三十代の独身ＯＬです。都内の会社に勤めています。

会社から帰りの電車に乗っていたときのことでした。

夕方の時間帯はいつも満員で、身動きもできないほどぎゅうぎゅう詰めです。仕方ないとはいえ、毎日の混雑ぶりにはうんざりしています。

この日はたまたま目の前に、高校の制服を着た男の子が立っていました。

年齢は十六歳くらいでしょうか。背は私と同じくらいでかわいらしい顔立ちの、見るからに初々しい少年でした。

彼と私はぴったりと体が密着していました。身動きもとれない満員で、正面から向かい合った状態で立っていれば、当然のように私の胸も彼にあたっています。

そのためでしょうか、彼はずっと顔をそむけて顔を赤くしていました。

もしこれが大人の男性であれば、まったく別の反応だったでしょう。

実際、私の胸は人よりも大きめなので、何度も見知らぬ男性に押しつけるはめになりました。混雑に紛れて胸やお尻をまさぐられることもしょっちゅうです。

そのたびにニヤけている相手の顔を見て、いやな思いをしたものです。いちいち騒ぐのも子どもみたいなので、腹が立ってもじっと我慢してきました。

しかし彼の場合は、そんなスケベな男性とは違い、とってもウブな反応でした。

電車が揺れるたびに、お互いの体がさらに密着します。私の胸は彼の体に押し潰されて、ますます彼は赤くなっていました。

実はここ最近、私は仕事とプライベートでストレスが溜まっていました。上司からは細かいミスで叱られつづけ、恋人とは破局して欲求不満の状態です。

そういう思いもあり、ムラムラと悪戯心が芽生えてしまいました。目の前にいる男の子に軽く痴漢のまねをして、ストレス解消をしてみたくなったのです。

断っておきますが、私はこれまで痴漢をされたことがあっても、自分からしようと思ったことなんて一度もありません。

それなのにこの日は、ムラムラした気持ちを抑えきれなくなりました。まるで魔が差したように、さりげなく彼の太ももに手を押しつけていたのです。

まだ彼は自分が痴漢をされているとは気づいていないようです。それでも私の手があたっていることは意識しているのか、少し腰をもじつかせていました。

私はさらに電車の揺れを利用し、偶然を装《よそお》って股間もタッチしてみました。

すると案の定、股間は勃起しています。ズボンの上からですが、硬くなったふくらみがはっきりわかりました。

ようやく彼も「あっ……」という顔をして、目が合った瞬間に気まずそうにまた横を向いてしまいました。

そして、ぽつりと私だけに聞こえるように「すいません」とつぶやいたのです。

もちろん彼が謝る必要なんてありません。さわったのは私のほうです。

しかし彼にとっては、女性が痴漢をするとは思えなかったのでしょう。むしろ自分がわざと股間を押しつけたと勘違いし、痴漢とまちがわれるのを恐れていたようです。

私はそう思って安心し、手のひらですっぽりと股間を包み込みました。

勃起したペニスの形をなぞり、なで回します。ついでに胸もわざと強く押し当てました。

その間は周りの乗客にバレないよう、何もないふりをしています。何をされているのかわかっているのは彼だけです。

しばらくすると、彼の腰のモジモジが強くなりました。しきりに大きく息を吐いて苦しそうな顔をしています。

さらに手のひらを密着させ、小さな動きでペニスをこすり上げます。そうしながら私まで彼と同じように興奮していました。

すると突然、彼の腰がピクピクッと反応しました。

ズボンの中で生温かいものが広がっていきます。濡れているのが私の手のひらにも伝わってきました。

どうやら彼はズボンの上からの刺激で射精してしまったようです。

こんな場所で、しかも周りに人が大勢いるのに射精してしまうなんて、きっと初めての経験だったはずです。

私の目には、その瞬間の彼の恍惚《こうこつ》とした表情がしっかりと焼きついていました。それがあまりに刺激的で、私まで下着の内側をたっぷり濡らしていました。

その直後、電車が止まってドアが開きました。すると彼は、逃げるように人混みをかき分け、ドアの外へ飛び出していったのです。

私もとっさに追いかけようとしたのですが、身動きができずに諦めました。

帰宅してからも胸のドキドキは続いたままです。

初めて痴漢をしたスリルと興奮、そして彼のウブで純真な反応。手に残った股間と生温かい精液の感触も忘れられません。その夜は久々に激しくオナニーをしてしまいました。

次の日から、私は帰りの電車に乗るたびに、彼の姿を探すようになりました。自分のしたことが犯罪だとわかってはいても、どうしても彼にもう一度会いたかったのです。私の頭のなかは、名前も知らない彼のことでいっぱいでした。とはいえ、混雑した車内では、とても人を探せる余裕なんてありません。あの日だって偶然目の前に立っていただけで、探す手がかりさえないのです。

やがて数週間が過ぎ、一カ月ほどたちました。まだ彼の姿を見つけることはできません。同じ制服を着た男の子と何度も見まちがえてしまい、そのたびにがっかりと肩を落としました。

しかし、とうとう見つけたのです。かわいらしい顔立ちの彼を発見したとき、思わず声をあげてしまいそうになりました。

私は無理やり人混みをかき分けて彼に近づくと、あの日と同じようにぴったりと真正面に立ちました。

彼もすぐに私に気づいたようでした。私がにっこりと微笑んでみせると、彼も驚いた顔をしていたのです。

それからすぐに彼の股間に手を伸ばしました。ずっとさわりたかったペニスをつかんで、優しくこすってあげます。私が股間をいじっても彼は抵抗しません。うっとりとした表情で恥ずかしそうに息を喘がせています。

もし混雑した車内でなければ、彼を抱き締めて唇を奪っていたかもしれません。それくらい私は痴漢をしながら興奮していました。

「んっ……」

そう彼が小さくつぶやくと、ズボンの内側が生温かく湿ってきました。

ここまではあの日とまったく同じです。しかしこの日は、射精後も彼の手をつかんで離しません。多少の危険を冒そうと、もう彼を逃がすつもりはありませんでした。

やがて彼が降りる駅に停まると、私も彼といっしょに電車を降りました。

あらためて見ると、彼は高校生にしては幼い顔立ちで、まるでアイドルのような美少年です。こんな男の子を射精させてしまったのだと思うと、罪悪感を感じつつもゾクゾクした気分になっていました。

「私のこと覚えてる？」

「……はい」

駅の人目を避けられる場所に連れ込み、彼に話しかけました。

彼は少しおびえたような、とまどった顔をしています。わざわざ私が電車を降りてついてくるとは思わなかったのでしょう。

「前も電車の中で射精したわね。そんなに気持ちよかったの？」

そんなぶしつけな質問にも、彼は恥ずかしそうにうなずいてくれました。

するとここで思わぬことを彼が告白してきたのです。

「あの……ぼく、ずっとあなたのことを探してたんです。もう一度、してもらいたいと思って」

それを聞いた私は、うれしさで飛び上がらんばかりでした。まさか彼まで私と同じ思いだったなんて、もうこれは運命の出会いとしか思えなかったのです。

すっかりのぼせ上ってしまった私は、後先考えずに彼に向かって「ついて来て。いまからいいところに連れていってあげる」と、駅から誘い出しました。

彼を連れてタクシーに乗り、向かったのは近くにあるラブホテルです。

制服姿の高校生と、年上のOLではいかにも危ない組み合わせですが、そんなことを気にする余裕もありません。早く彼と二人きりになり、思う存分セックスをしたいとしか考えていませんでした。

「ああ、とってもかわいい。このまま食べちゃいたいくらい」

ホテルの部屋に入るなり、私は強引に抱き締めてディープキスをしました。

彼は女性とのキスも初めてだったようです。目を閉じて棒立ちになり、私が舌を入れてもされるがままでした。

それをいいことに、私はたっぷりと大人のキスを教えてやり、ついでに耳や首筋にも舌を這わせました。

「ズボンが濡れて気持ち悪いでしょう？ 私が脱がせてあげる」

射精をさせてから、彼はずっとズボンをはいたままでした。脱がせるのを口実に、ペニスを確かめてみたかったのです。

楽しみにして脱がせてみると、下着はぐっしょりと濡れてシミが広がっています。

それも私はこの手で引きずりおろしました。まずムワッとくるものすごい匂いが飛び込んできて、思わず目を見張りました。

「まぁ、かわいらしいオチ〇チン」

そう声に出してしまうほどの、未成熟な包茎ペニスでした。

まずこびりついた精液をティッシュでぬぐい取ります。母親のように下のお世話をしていると、それだけでムクムクと勃起してきました。

ティッシュできれいにしたついでに、私はペニスの先に口づけをしました。

「あっ……」

彼は驚いていましたが、かまわずに舌を走らせます。わざと見せつけるように、ぺろりぺろりと舐めてあげました。

「ここを舐めてもらうと、気持ちいいでしょう」

「はい……」

彼の素直な返事を聞くと、ますます気持ちよくしてあげたくなってきます。

今度は口に含んで舌で転がしてあげました。いやらしく舌を使っているうちに、彼の息が荒くなってくるのがわかりました。

念入りにしゃぶってあげたのが、皮をかぶったペニスの先っぽです。ここがいちばん敏感なのは、彼の息遣いでわかります。刺激を感じて「ああっ」という声が何度も聞こえてきました。

口を離してみると、さっきまでの包茎ペニスは立派に剝けていました。

「すごいじゃない、こんなになって」

めくれた皮の中身はきれいなピンク色をしています。サイズは小さめですが大人の形と変わりありません。

剝いたばかりのそれを、もう一度口に含んで吸い上げます。

さらに舌を動かしつづけていると、

「ああっ。もうダメです」

と、あっけなく射精してしまったではありませんか。

口の中には再び精液が溢れ出してきました。

さっきはティッシュで後始末をしましたが、今度は私の舌できれいに舐め取ってあげました。

「すいません、すごく気持ちよくて……」

「だいじょうぶよ。気にしないで。これぐらい、どうってことないから」

申し訳なさそうにしている彼に、私は優しく言ってあげました。

すると、これが若さというものでしょうか、二度も射精したというのに、回復するのもあっという間でした。

このときまで私は、自分が服を着たままであることをすっかり忘れていました。

さっそく立ち上がって通勤服のスーツを脱いでみせます。こうして人前で裸になるのも久しぶりなので、いつもより手が急いでしまいました。

下着姿になり、ブラジャーをはずしてみせると、彼はまじまじと私のふくよかな胸を見つめています。

「ふふっ、そんなに私のおっぱいに興味あるの？　いやらしい」

そう言ってからかうと、赤くなって目を逸《そ》らしました。

「冗談よ。いくらでも見ていいから。ほら、もっと顔を近づけて」

私は彼の頭を抱いて胸に近づけてあげました。すると遠慮がちに乳首に口づけをし、チュッチュッと吸いついてくれました。

ソフトでくすぐったいくらいの愛撫です。乳首を舌で転がされ、軽く引っぱられていると、少しずつ体に甘い刺激が走ってきました。

「ねぇ、私の下着もあなたの手で脱がせて」

私はおいしそうに乳首を吸っている彼に、ショーツをおろしてくれるようおねだりをしました。

自分で脱がないのは、彼の反応を見てみたかったからです。いったいどんな顔をして脱がせてくれるのか興味がありました。

私が立って待っていると、彼が屈んでショーツに手をかけました。

緊張しているのが伝わってきます。なかなかおろそうとしないので、私が「いいのよ」と言ってあげると、ようやくスルリと脱がせてくれました。

　そのときの彼は、驚いたように目を見開いたまま、しばらく固まっていました。すぐ間近から、まっすぐに私の股間に視線を向けています。あまりに真剣な顔だったので、恥ずかしく感じる反面、ゾクゾクするほど興奮しました。

「ほら、ここがオチ○チンが入る場所。もっと近くで見て」

と、私はソファに浅く座り、見えやすいようにあそこを指で開いてあげました。

　彼と違って私は三十路の体で、あそこもきれいな形をしていません。毛深いし色も濃いし、グロテスクに見えていたのではないでしょうか。

　それでも彼は顔をそむけるどころか、自分からあそこにキスをしてきたのです。

「あっ……！　あんっ」

　まさかそんなことまでしてくれるなんて、思ってもいませんでした。私がペニスを咥えて射精させてあげたので、そのお返しのつもりだったのでしょうか。

　ペロペロと舐め上げるだけの稚拙《ちせつ》な舌づかいです。でもテクニックなんて必要ありません。彼のけなげな奉仕に私は感激し、快感にひたっていました。

　もう十分に舐めてもらったところで、いよいよベッドに彼を誘います。

「だいじょうぶよ、私が全部やってあげるから。そこに横になって、おとなしく待ってて」

私はそう言って彼をベッドに寝かせ、コンドームの準備をしました。

ずっと男日照りだったのでセックスをするのも久しぶりです。しかも相手が美少年となれば胸が高鳴りました。

ここで私は思い直し、コンドームの袋を破るのをやめました。

二度も射精したのだから、きっと精子もあまり出ないはず。だったら初めての記念に、生でセックスをさせてあげようと考えたのです。

そのことは彼に伝えずに、生身のペニスの上に跨《また》がりました。彼はコンドームをつけてもらえると思っているので、「えっ？」という表情をしています。

「動かないでね。じっとしてて」

そのまま腰を落とし、ペニスをあそこの中に導きました。

「ああっ……あんっ！」

久々に味わう感触はとても気持ちよくて、大きな声を出してしまいました。

硬くてやや細身のペニスをもっと味わおうと、腰を押しつけたままお尻をグリグリと回転させます。

そうするとうっとりとしている彼の顔が目に入ってきます。あそこの肉をこすりつけられて、とても気持ちよさそうです。

「ほら。もうつながっちゃったのよ。いま、私の体の奥に入ってるのがわかる？」

「はい……」

教えながら腰を動かすと、彼も下からペニスを突き上げようとしています。

しかし彼はセックスに慣れていないので、よけいな動きをさせるとペニスがはずれてしまいそうです。彼にはじっとしてもらったまま、私だけが動くことにしました。

腰を揺する一回ごとに、彼は「ああっ」と女の子のように喘いでいます。

それを見ている私もたまらなくなってきました。ペニスの大きさは物足りなくても、快感はしっかり押し寄せてきます。

「ああ、素敵。このまま二人だけでずっといっしょにいたい」

年の差も忘れてそんなことまで口走ってしまいました。

冷静に考えれば私と彼は、一回り以上年の差があります。いくら私がのぼせ上っても、恋愛関係になるなんてありえないとわかっていました。

ただ、それでもこのときだけは、彼と恋人のような仲でいたいと思いました。

私にできることは、彼を心から満足させてあげること。そのためならこれまで一度も経験のない、中出しだって受け入れる覚悟です。

「そろそろ……出そうです」

さっきは黙って口の中に射精してしまったからでしょう。今度は早めに教えてくれました。

しかし私は動きを止めません。ずっとお尻を上下に揺すりながら、彼にはこう言ってあげました。

「いいのよ、抜かなくても。ちゃんと受け止めてあげるから。気にしないでそのまま出して」

「えっ、でも」

まだ何か言いたそうな彼に、私は休まずにさらに強くお尻を押しつけます。

「あっ、ダメです。もう……出るっ」

とうとう彼は私に押さえつけられたまま、声を搾り出しました。

私の体の奥では、ペニスがピクピクとふるえています。はっきりとはわかりませんが、精液がにじみ出しているのはまちがいありません。

セックスが終わると、私は優しく彼の体を抱いてあげました。彼が満足したのは表情でわかります。私に向かって「ありがとうございました」とお礼を言い、照れた笑顔を向けてくれたのです。

こうして私と彼は、痴漢をきっかけに男女の仲になりました。

ただし会えるのは帰りの電車の中だけです。彼は学生で私は社会人。お互いバラバラの生活で、それしかいっしょにいられる時間がないのです。

私たちはそのひとときの時間を使い、満員電車で痴漢プレイを楽しんでいます。

これまでは私が痴漢の役をしていましたが、いまでは彼にも痴漢をしてもらうようになりました。最初は恐るおそる手を出していた彼も、慣れてくると器用に胸やお尻を周囲の人にさとられないようにさわってくれるようになりました。

でもあまりじょうずになってくると、私のように魔が差してほかの女性に手を出してしまわないか、それだけが心配です。

兄の浮気で自暴自棄になり泥酔した憧れの義姉との衝撃的な初体験！

戸川誠　会社員　五十三歳

これは、いまから三十年前の話です。

社会人一年目を迎えた私は都内で一人暮らしをしており、八つ年上の兄もその三年前に結婚して、となり町のマンションに住んでいました。

兄嫁の佐登美《さとみ》さんは私より六つ年上なので、当時は二十九歳だったと思います。

仕事が忙しく、兄とは三カ月ほど顔を合わせていなかったでしょうか。

そんなある日のこと、佐登美さんから電話がかかってきて、終電がなくなったので、迎えにきてほしいと言われました。

兄は出張中で留守らしく、羽を伸ばしてしまったとのこと。車で迎えにいくと、佐登美さんはベロンベロンに酔っぱらっている状態でした。

車に乗せてマンションに連れていき、肩を担いで寝室に向かう最中、彼女は妙なことを言いはじめました。

「私って、魅力ないのかな？」

「……え？」

佐登美さんはおおらかな性格をしており、涼しげな目元と艶《つや》っぽい唇がチャームポイントで、ひそかなあこがれを抱いていた私は即座に否定しました。

「魅力ないわけないよ」

「ふうん……じゃ、証明してみせて」

「……は？」

彼女は寝室に到着しても絡んできて、私の手を取り、ベッドに引き倒したんです。

あっと思った瞬間にはのしかかられ、さすがにうろたえました。

いくら酔っているとはいえ、いつもの佐登美さんからはとても考えられないことでした。

「ちょっと、義姉《ねえ》さん。いったいどうしたの？」

理由を尋ねると、彼女は身を起こし、背中を向けてから答えました。

「浮気してるみたいなの」

「え……兄貴が？　嘘でしょ？」

「相手は会社の部下みたいなの。そのことで大ゲンカになって、家を出ていったというわけ」

「ええっ！　それって、いつのこと？」

「一週間前。いまは、その女の家に転がりこんでるみたい」

兄は自己中心的なところがありましたが、まさか不倫をしたうえに家を出るとは想像もしていませんでした。

「兄貴の奴！　とんでもないことを！　いいよ。俺がとっちめてやるから、その女の住んでる場所を教えて」

「わからないわ。私も感情的になって、そこまで調べてなかったから」

なんにしても、この状況のままでは、夫婦の関係が破綻《はたん》するのは目に見えています。

どうにかしなければならないと考えた私は、憤慨しながら言いました。

「わかった。俺が会社に張りこんで、兄貴が出てきたところをとっ捕まえるよ」

それしかないと思った直後、佐登美さんは振り向きざま抱きつき、耳元で甘くささやきました。

「結婚する相手……まちがえたみたい。誠《まこと》くんだったらよかったのに」

当時の私はまだ童貞で、女性の体を知りませんでした。

不覚にも、むちっとした柔らかい感触に男の本能が目覚めてしまったんです。

股間に大量の血液が流れこみ、ペニスがズボンの下でぐんぐんと膨張しました。

「あ、ちょっ……」

拒絶はしたものの、唇を奪われ、手のひらで股間をまさぐられると、全身が火の玉のように燃え上がりました。

「大きくなってるわ」

「だ、だめだよ、こんなの。義姉さんは酔っぱらってるし、ヤケになってるんだ」

「確かに酔ってるし、ヤケにもなってるけど、誠くんが好きなのは、ホントのことよ。初めて会ったときから、かわいい子だなと思ってたの」

とろんとした瞳が色っぽくて、首筋から香る甘い匂いが頭をしびれさせました。

さびしさを埋めたいがための誘いだとはわかっていましたが、童貞を捨てられるかもしれないという下心が込み上げてしまったんです。

「私じゃいや？」

媚《こ》びるような眼差しを向けられたとたん、獣じみた性欲には勝てず、理性が粉々に吹き飛びました。

「ね、義姉さんっ！」

私は熱っぽい体を抱き締め、ふっくらした唇に自ら吸いついてしまったんです。

果実を思わせる甘い唾液と息が口いっぱいに広がり、胸に合わさる乳房の弾力が私を背徳の世界に引きずりこみました。

背中からヒップをなで上げると、佐登美さんは鼻からくぐもった声を洩らし、性感が急上昇しました。

「んっ、ふっ、んぅ」

その間も、しなやかな指が股間をまさぐっていたのですから、まさに心臓が口から飛び出そうなほどの昂奮に目眩《めまい》さえ起こしました。

とにかく情熱的なキスには目を丸くするほどで、佐登美さんは顔をやや傾けながら口を大きく開け、私の舌を引っこ抜かんばかりに吸いたてたんです。

くぽっ、こぽっという唾液の跳ねる音がいやらしく、ふだんの清楚な人妻とはまったくの別人ぶりには驚くばかりでした。

足まで絡ませてくると、スカートが自然とめくれ上がり、まるまるとしたヒップの感触が手のひらにはっきり伝わりました。

ペニスはフル勃起し、油断をしたらすぐに射精へのスイッチが入ってしまいそうで、私は下腹部にひたすら力を込めていたと思います。

やがて長いキスが途切れ、佐登美さんは身を起こしてズボンのチャックを引きおろしました。

欲情した姿を初めて異性にさらす瞬間は、あまりの恥ずかしさから顔が火傷《やけど》したように熱くなりました。

あの日はたっぷり汗をかいており、就寝前でシャワーも浴びていなかったのですから、当然のことです。

それでも男の欲望は鎮《しず》まることなく、レッドゾーンに飛びこみました。

トランクスごとおろされた直後、ペニスがジャックナイフのように跳ね上がり、先走りの汁が飛び散りました。

「やだ……もう我慢汁が出ちゃってるわ」

「ああ、ああ」

私は股間の一点を見つめ、もはや上ずった声しかあげられませんでした。

「……初めて?」

素直にコクリとうなずくと、佐登美さんは目をきらめかせ、口元に笑みを浮かべました。

その微笑がまた色っぽくて、ペニスは限界を超えてふくらみ、大きな期待感と性の悦びが全身を駆け巡りました。

「すごくおっきいわ」

「あ、ふうっ」

柔らかい指が肉胴に絡みついた瞬間、快楽の高波がどっと押し寄せ、ちっぽけな自制心を突き崩しました。

あろうことか、私は触れられただけで射精してしまったんです。

「きゃっ」

「お、おおっ」

濃厚な白濁のかたまりは腰をバウンドさせるたびに高々と跳ね上がり、私は身も心もとろけそうな快感に酔いしれました。

「すごい……まだ出るわ」

合計七回は射精したでしょうか。一度に大量射精したせいか、体を延々と痙攣させていたのではないかと思います。

大きな息を吐き出したところで、佐登美さんは優しげに問いかけました。

「そんなに溜まってたの？」

顔をのぞきこまれると、もう恥ずかしくて恥ずかしくて……。

入れる前にイッてしまい、しかもシャツは精液まみれの状態で、とたんに情けなさと後悔に苛《さいな》まれました。

それでもペニスは萎《な》えることなく、ビンビンに反り勃《た》っていたんです。

「シャツは洗ってあげるから、心配しないで。服は脱いだほうがいいわ……その前に、きれいにしてあげる」

「……あ」

佐登美さんは身を屈め、ペニスに唇を近づけて舌を差し出しました。

当時はお掃除フェラの知識がなく、とにかくびっくりしたのを覚えています。

亀頭を含まれてくちゅくちゅともみこまれると、気持ちがよくて、ペニスは萎えるどころかますます昂《たかぶ》りました。

「お、お、おっ」

佐登美さんは頬をすぼめてペニスをズッと引きこみ、顔を引き上げると、精液は跡形もなく消え失せていました。

「すごく濃いのね。のどに絡まって、なかなか飲みこめないわ」

「はあはあ」

まさか兄貴の嫁さんがこんなエッチな女性だったとは夢にも思わず、頭のなかは童貞喪失の瞬間に占められました。

「ほら、服を脱いで」

「う、うん」

シャツに続いて、私は足元に絡みついていたズボンとパンツを忙《せわ》しなく脱ぎ捨てました。

このときになると、昂奮のほうが恥ずかしさより大きくて、自分だけ全裸になることに抵抗はありませんでした。

どんなかたちでリードし、童貞を奪ってくれるのか。それだけを考えていたと思います。

横目で探ると、佐登美さんはスカートの中に手を入れ、ブルーのシルクのショーツをするすると脱ぎおろしていました。

ビキニタイプのランジェリーはとても悩ましく、興味はわいたのですが、スカートの下のまだ見ぬ花園が気になり、私は鼻息を荒らげました。

ショーツが床に落とされた直後、佐登美さんに押し倒され、またもや唇を奪われました。

「ん、むふぅ」

ほっそりした指が再びペニスに絡みつき、シュッシュッとしごかれるたびに腰が跳ね上がったのですが、一度放出したことで気分が落ち着いたのか、好奇心は自然と彼女の肉体に注がれました。

胸をもみしだき、空いた手でスカートをたくし上げ、大きな生尻を手のひらでなでさすったんです。

「はぁ、ふぅん」

甘ったるい吐息が鼻から抜け、ペニスをしごく指に力が込められました。

佐登美さんは唇を離し、すぐさま私の下腹部に顔を寄せ、本格的なフェラチオで快感を吹きこんでいったんです。

卑猥な音とともにペニスが温かい口の粘膜で引き転がされ、私はあわてて括約筋を引き締めました。

彼女は頬を目いっぱいすぼめ、口の中を真空状態にして吸いたててくるのですからたまりません。

ペニスがとろけそうな感覚に、私はシーツをつかんで身悶《みもだ》えました。

「ああ、おおっ」

さらには睾丸を手のひらでなでさすられるたびに、下腹部が浮遊感に包まれ、この世のものとは思えない快楽にどっぷり浸《つか》りました。

フェラチオだけで、あれほどの快感を得られるとは予想だにせず、セックスではどうなってしまうのか。そのことばかりが頭に浮かんでいました。

「い、いい、気持ちいいよぉ」

「いいのよ、我慢せずにイッちゃっても」

ペニスを口から抜き取り、優しく微笑む佐登美さんが、エロスの女神に見えました。

「み、見せてください」

エッチの前に、女性器を目に焼きつけておきたい。さわりたい、舐めたい、匂いを嗅ぎたいという思いが募《つの》り、私は上ずった口調で懇願しました。

「いやよ、恥ずかしいもの」

「ずるいよ。俺のだけ見て」

「私はいいの」

「見せて」

「きゃっ」

攻守交代とばかりに身を起こし、熟れた肉体にのしかかると、彼女はスカートのすそを懸命に押さえました。

シャワーを浴びていないのだから恥ずかしいのは当然のことなのですが、あのときの私にはデリカシーのかけらなど残っていませんでした。

「誠くん、私の言うことが聞けないの？」

「聞けません。見せてください！」

「やぁぁっ」

スカートをまくり上げると、佐登美さんはさっそくあそこを手で隠したのですが、もちろんそんなことでは怯《ひる》みません。

顔を近づけただけで甘ずっぱい匂いが鼻先をかすめ、私は指のすき間から舌を強引にもぐりこませ、ぬるみの強い肉の帯をてろんと舐め上げました。

「ひ、んっ」

ヒップがピクンと跳ね上がり、気分をよくしてさらに舌先を跳ね躍らせると、肉の突起をとらえ、同時にクリームチーズのような匂いが鼻の奥を突き刺しました。

狙いを定めて集中的に責めたてると、今度はとろとろの粘液が舌に絡まり、私は狂喜乱舞したんです。

「やっ、やっ、だめ」

佐登美さんは盛んに拒絶の言葉を放っていましたが、消え入りそうなほど小さく、次第に手から力が抜け落ちていきました。

手首をつかんで股間からはずし、ぱっくり開いた花びらを瞬《まばた》きもせずに凝視しました。

肉厚の陰唇は外側に大きくめくれ、内粘膜は大量の愛液をたっぷりまとい、ぷっくりしたクリトリスもすっかり顔をのぞかせていたんです。

「……あ」

彼女は小さな悲鳴をあげたものの、強い抵抗は見せず、私はここぞとばかりに女陰に吸いつき、陰唇とクリトリスを口の中に引きこんではチューチューと吸いたてました。

「い、ひぃぃぃっ」

奇妙なよがり声を聞きながら、私は無我夢中で愛液をすすり上げました。

内腿の柔肉がふるふると揺れ、鼠蹊部の筋はピンと張りつめ、恥骨を上下に打ち振る姿を思い返せば、それなりの快感は得ていたのかと思います。

もっともあのときの私に、彼女の気持ちを推し量る余裕はまったくありませんでしたが……。

口の周囲は、瞬く間に愛液とよだれでベトベトになりました。

上あごと舌で硬いしこりをくにくにと甘嚙みしていると、ヒップの痙攣が大きくなり、頭上から怒ったような声が響きました。

「も、もう我慢できないわ。入れて、早く入れて」

待ってましたとばかりに顔を上げ、私は両足の間に腰を割り入れました。そしてペニスを握りしめ、亀頭の先端を濡れた割れ目にあてがったんです。

「あ、あれ？」

腰を突き進めても、ペニスは膣の中に入らず、心の底からあせったのですが、すかさず彼女の右手が伸び、膣の入り口まで導いてくれました。

先端に走った熱いねめりの感触は、いまだにはっきり覚えています。

快感電流がビビビッと走り、危うく洩らしそうになりました。

「ん、ん、んっ」

腰を繰り出すと、佐登美さんは眉間にしわを寄せ、首に両手を回してきました。

膨れ上がったカリ首はなかなか膣口を通らなかったのですが、気合いを込めると無事に通過し、勢い余ってズブズブと埋めこまれていきました。

「お、おおっ」

膣の中は溶鉱炉《ようこうろ》のように熱く、ぬめり返った膣肉がうねりくねりながらペニスを締めつけてきました。

ペニスがとろけそうな感覚に、私はしばし惚《ほう》けた表情をしていたのではないかと思います。根元まで埋没すると、童貞喪失の感激を心ゆくまで味わいました。

「誠くんの、おっきくて、気持ちいいわ。このままでもイッちゃいそう」

「お、俺も気持ちいいです」

ペニスが脈動を開始するなか、私はやみくもに腰を振りたてました。

「あん、い、いいっ」

驚いたことに佐登美さんは下から腰を振ってきて、スライドに合わせて恥骨を打ちつけてきたんです。

いまにして思えばタイミングもばっちりで、射精願望はあっという間に頂点に達しました。

ひたすら放出をこらえていたのですが、我慢できるはずもなく、私は腰の動きを止めて身を縮ませるばかりでした。

そんな状況ですから、彼女には物足りなかったのかもしれません。

恥骨の打ち振りを止め、ささやき声で言いました。

「今度は私が上になるわ。あおむけに寝て」

「はあはあ……うん」

膣からペニスをいったん引き抜き、ベッドに寝転ぶと、佐登美さんはセーターを頭から抜き取り、ブラジャーをはずしました。

ぶるんと揺れる豊満な乳房に生唾を飲みこんだのですが、あのときの私は彼女の下腹部ばかりに関心が注がれていました。

スカートも取り払い、互いに全裸になったところで、佐登美さんは腰を跨《また》り、下腹に張りついていたペニスを垂直に起こしました。そして股ぐらの中にすべり込ませ、ヒップをゆっくり落としていったんです。

今度はさほどの抵抗もなく、亀頭は膣の入り口をくぐり抜け、奥に向かって突き進んでいきました。

「あ、あ……いい」

「む、むうっ」

二人の口から熱い吐息が同時に洩れた直後、ペニスの先端が子宮口まで届き、またもや巨大な快感が押し寄せてきました。

佐登美さんはすぐさま、腰を目にもとまらない速さで上下させてきたんです。

迫力あるピストンに目を剝き、豊満なヒップの打ちおろしに息が詰まりました。

「うっ、うっ、うっ」

低いうめき声を盛んにあげるなか、ヒップがぐりんと一回転し、ペニスが熱い粘膜にこれでもかと引き転がされました。

「あ、ううっ！」

「はああ、いい、気持ちいいっ、たまらないわ」

「そ、そんなに激しくしたら、すぐにイッちゃうよ」

「いいわ、イッて。たくさん出して！」

腰のスライドはさらにピッチを上げ、抜き差しするペニスがテラテラと妖しく濡れ輝きました。

結合部から溢れた愛液が陰嚢まで滴り落ち、ぐっちゅぐっちゅといやらしい音が室内に反響するほど凄まじいものだったんです。

奥歯を噛みしめて耐え忍んだものの、入れてから五分と保《も》たず、私は限界を迎えていました。

「ああ、出ちゃう、出ちゃう」

大口を開けて咆哮《ほうこう》した瞬間、佐登美さんは恥骨をグリグリとなすりつけ、頭のなかが真っ白になりました。

「ああ、イクッ、イックゥゥッ！」

こうして私は兄嫁の体内に精液をしぶかせ、それだけにとどまらず、シャワーを浴びたあとに、もう一度肉欲をむさぼってしまったんです。

そのときは佐登美さんも絶頂に達していたのですが、もしかすると演技だったのかもしれません。

彼女に対する思いは風船のようにふくらみましたが、兄の妻ではどうしようもありませんでした。

やるせなさと罪悪感の日々を送るなか、その日から三カ月も経たずに兄夫婦は離婚し、佐登美さんとは二度と会うことがなくなりました。

いまごろ、彼女はどうしているのか。思い出すたびに、胸が締めつけられるんです。

セックスレスで欲求不満だった人妻が好奇心から初めて緊縛されて……

近藤愛美　専業主婦　三十九歳

三十九歳の専業主婦です。子どもはいません。

夫はＩＴ企業の役員で稼ぎはいいので、経済的には何不自由のない生活をさせてもらっています。でも結婚八年目を迎え、いまではすっかりセックスレス状態です。

女盛りの体をあまりに放っておかれるので、どこか外でいい男と浮気してやろうかという気持ちは心のどこかにありました。でもまさか、こんなアブノーマルな世界に目覚めてしまうとは自分でも思ってもみませんでした。

きっかけになったのは、一年ほど前に近所に開店した小ぢんまりしたバーでした。なんとなく入ってみたら感じがよくて、気づいたら常連客になっていたんです。

バーのマスターである安斎《あんざい》さんは、いかついスキンヘッドで筋肉質の体をタンクトップに包んだ、ただならぬ雰囲気の五十代の男性で、すごく大人の色気があるんです。

安斎さんはとても聞きじょうずで、気がつくと、お客さんの私生活のかなり突っ込んだ話まで聞き出してしまうんです。そんな安斎さんに乗せられて、私もすっかり、自分が家ではセックスレスだなんてことまで白状してしまいました。

でも安斎さん自身は、あまり自分のことを話してくれないんです。

気になった私はある晩、お店で安斎さんと二人きりになったときに、しつこく素性をたずねてみたんです。ほかのお客さんには内緒にしてくださいよと言いつつ、安斎さんは私にこう耳打ちしました。

「私ね、実は緊縛師なんですよ」

なんと安斎さんは、緊縛師さんだったんです。

といっても、私も緊縛師という肩書をそのとき初めて知りました。緊縛師さんというのは、その名のとおり人を縛る人です。女性の体を縛って、吊るしたりするのです。

ＳＭの世界かと思いましたが、安斎さんが言うには、むしろアートの世界に近いとのこと。どっちにしても私にはよくわかりません。

未知の世界に触れた気がして、私は興味津々になっていました。

「いったいどんな気持ちなのかな、縛られるって……」

私が思わずそうつぶやくと、安斎さんはこう言ってきたんです。

「興味があるなら、一度縛られてみたらどうです？」

お酒の酔いもあったのでしょうか。私は軽い好奇心から、安斎さんの話に乗ってみることにしたんです。もちろん裸にはならず、服を着たまま縛るという約束でした。

そして日をあらためて、バーの休業日に、安斎さんがいつも使っているというスタジオに私は行ってみたんです。

緊縛とSMは違うと聞いていたので、浮気という気持ちはありませんでした。夫にもただ「撮影のモデルになってくる」とだけ伝えました。

スタジオの中には安斎さんがこれまでに縛った女性の写真がたくさんありました。和装で、着物をはだけさせて半裸になっている女性、ドレスや女子高生の制服のコスプレをしている女性、そして生まれたままの姿の女性……。

どの女の人もすごく陶酔した、色っぽい表情です。

(自分もこんな表情になっちゃうのかな……なんだか信じられない……)

そんなことを考えて、私も興奮していました。

「じゃあ、まずは軽く、基本の縛りをしてみようか」

安斎さんは、いつもお店に立つときと同じような穏やかな口調です。

「は、はい……」

私のほうはすっかり緊張して、体がぎくしゃくと硬くなっています。

安斎さんはそんな私の背後に回って、硬くなった体をほぐすように肩のあたりをもみながら、私の両手首を体の後ろに回しました。

「あ……」

左右の手首が重ね合わされ縄で縛られました。自由を奪われるってすごくドキドキするんだと、初めて知りました。

そして私の体にゆっくりと縄を巻きつけました。

胸のふくらみを強調するように上下から縄で挟まれると、少し恥ずかしく思いましたが、縛る強さそのものは、想像したほどではありません。

(緊縛といっても、この程度の強さなんだ……)

そんなことを考えていたら、いきなり、ギュッと強く縄が引っぱられたんです。

「あっ……んん……」

思わず声が出ました。これまで経験したことのない感覚です。

まさに初体験でした。

服の上から体に喰い込む縄に自然に目が潤《うる》んで、体が熱くなってきます。

「どうです……ほら、鏡で自分の姿を見てください……」

安斎さんは縛られた私の肩に手を置いて、耳元にそうささやきました。

スタジオの壁には鏡が貼ってあって、自分の姿がそこに映し出されています。

(ああ……これが、私……?)

私は、もともと胸は豊満なほうです。それに子どもを産んでいないので、体形も同世代の女性と比べてととのっていると思います。クビレもちゃんとあるんです。

そんな自分の肉体が、縄でクッキリと浮かび上がり強調されています。

自分で言うのも変ですが、メリハリがあって、とても色っぽいんです。

そして体以上にすごかったのは、私の顔というか表情でした。

濡れたような目で頬が紅潮して、まるで行為の最中のようにとろけているんです。

自分の内側にこんな表情が隠されていたのかと、不思議な気持ちになりました。

安斎さんは私の肩から手を離し、カメラを手にして何枚か写真を撮りました。

シャッターの音が響くたびに、私の体の内側から熱い何かがビクッと込み上げてくる気がしました。

私はもじもじと太ももを動かして、その込み上げるものに耐えます。

安斎さんは再び私の耳元に口を近づけて、吐息交じりにこう言ってきました。

「肌を直接縛ると、もっとすごい感覚ですよ……」

二人っきりのスタジオでそんな言葉を熱くささやかれて、身も心も異様な雰囲気に包まれました。私はすっかり、その雰囲気に呑まれてしまったんです。

私は後ろを振り返り、とうとう、自分からこう言ってしまいました。

「直接、縛って、ください……」

あとはもう、安斎さんにされるがままでした。

安斎さんはまず、すでに縛った縄をほどきました。

そのときの解放感をどう表現したらよいのかわかりません。

ほっとしたような、いままで自分を縛っていたモノがいきなり取り払われて淋しいような、心もとないような気持ちもありました。

そして、私の着ていたものをゆっくり時間をかけて脱がしていったのです。

その日、私はニットの薄手のセーターを着ていました。それを脱がして、その下のキャミソールも脱がすと、安斎さんはこう言いました。

「ほら、服の上からだったけど、痕がついてる」

鏡で確認してみると、安斎さんの言うとおりでした。

うっすらと赤い筋がついた肌は白さが強調され、とても色っぽく見えました。自分で自分の姿を見てうっとりするなんて、いつ以来だったでしょうか。

緊縛行為は、私に女としての自信を取り戻させてもくれたのです。

ブラを脱がされることにも、抵抗はなくなっていました。

乳房が露《あらわ》になると乳首が大きく上を向いて硬くなっていて、自分が興奮していたことをあらためて思い知りました。

「きれいな胸をしてしますね……胸だけじゃなくて全部きれいです……」

安斎さんにそう言われると、お世辞でもうれしくてたまりませんでした。だって、安斎さんは撮影でいろんなモデルさんを見てきているんですから。

裸になった私の上半身を、安斎さんはさっきとは違う縛り方で縛ってきました。

（ああ、やっぱり緊縛師だけあって、いろんな縛り方を知ってるんだ……）

そんなことを、ぼうっとなった頭で考えました。

「なんだか頭がぼうっとするでしょう？　縄酔いっていうんですよ」

安斎さんはせわしなく手を動かしながら、私にそう言いました。

「縄……酔い……」

「そう……縛られて、酔ったように気持ちよくなってしまうことです」

安斎さんの指先が、私の胸に触れました。乳首にじかに触れたんです。

「あはっ、んっ……！」

私の唇から淫らな声が洩れました。どうみても感じている声でした。

「ほら、すごく敏感になっているでしょう……こっちも……」

そう言って安斎さんは、私のスカートの中に手を入れてきました。

「あ、あ……だめえ……」

抵抗するようなことを言いながら、私は自分から太ももを広げて安斎さんの指がそこに触れるのを待ち構えてしまっていたのです。

パンティ越しに、指先がほんの少し触れました。

「ああんっ!」

スタジオ中に響き渡るほどの声で私は叫んでしまいました。ほんの少し刺激されただけで、こんなにも気持ちよくなったのは初めてです。

「敏感になっているでしょう? 縛られるって、こういうことなんですよ」

安斎さんの声が、ぼんやりと遠くに聞こえました。

「下も、直接、縛ってみますよ……」

そう言って安斎さんは、スカートを残したまま、私の下着に手をかけました。

「ああ……」

私はされるがままに脱がされてしまいました。抵抗もしませんでした。

縛られていると、抵抗する気力まで奪われてしまうんです。

安斎さんは私の前に回ってきました。

私はスタジオの床に座り込んだ状態です。その両脚を持ち上げて、安斎さんは私の股を大きく開かせるようにしました。性器が安斎さんからまる見えになっています。

「いや……恥ずかしい……」

そこが濡れていることは、見なくても想像がつきました。

もうさっきからずっと、気持ちよくて仕方なかったんです。そこに、安斎さんの視線が突き刺さりました。ますます気持ちよくなってしまうのを感じました。

「お願い……見ないで……」

私の両脚の太ももが、震えて揺れました。安斎さんは構わず、のぞき込みます。

「……すごく濡れてますね、アソコの毛まで、グッショリです」

安斎さんにそんなことを言われて、私は思わず目を閉じました。

私の脚が、まるでカエルみたいにガニ股にされて、そのまま縄で固定されてしまいました。アソコをずっとまる出しにした、恥ずかしすぎる格好です。

そこにさらに、安斎さんが大きなカメラを構えてきたのです。

「ダメ、そんなの……撮っちゃ……いやあ……」

しかし体は完全に縛られているので、逃げ出すことも隠すこともできません。

私の体は芯から熱くなっていました。でも安斎さんは、興奮してというよりも冷静にキチンと撮影しているという感じでした。そのギャップというか温度差が、ますます私をイケナイことをしている気持ちにさせてしまうんです。

安斎さんはカメラを構えたまま、指先を私の股間に伸ばしました。

「はんっ……！」

今度はじかに触れてきたんです。お尻のほうから上に向かって、舐め上げるように指を動かしました。そしてクリトリスまで来ると、ギュッと指を押しつけました。

「んん、んん、だめ、いや……！」

でも私の脚は拘束されていて、閉じることもできないのです。

まるで生《い》け贄《にえ》みたいでした。まな板の上の鯉になった気分です。

「どうです……縛られるって、気持ちいいでしょう……？」

安斎さんの低いセクシーな声が全身に響きました。私はもう我慢の限界でした。

「お願い……です……してください」

「え？ 何をするんですか？」

安斎さんはとぼけたようにそんなことを私に言います。言いながらもずっと指を動かして私のアソコを責めているんです。しかも、どんどん激しく。

「エッチ、してください……」

私がそうお願いしても、安斎さんは意地悪く微笑むばかりです。

「……いやあ、そうは言っても、今日は縛って撮影するだけという約束でしたからねえ……旦那さんにも悪いですし……」

私はとうとうしびれを切らして叫び出してしまいました。

「いや！　そんな意地悪……早くオマ○コに、入れてっ……！」

安斎さんは立ち上がって、自分ではいているものを脱ぎました。

下着の下から現れたオチ○チンは、もうすっかり大きくなっています。

「すごい……」

私は思わずため息をつきました。予想はしていましたが、すごく立派なんです。

夫のオチ○チンなんかよりもずっと大きくて、色黒で、太かったんです。

安斎さんは無言のまま体を前に出してきて、私も自然に目の前にきた濃いピンク色のオチ○チンの先を口の中に咥えました。実際、縛られているわけですから、そうするよりほかに仕方がありません。

「ん……ぐ……」

ノドの奥まで、オチ○チンが私の口を犯してきます。いちばん奥まで押し込んで、息ができなくなるくらい苦しくなったところで、安斎さんはゆっくりと腰を引いていきました。私の唇の感触を味わうように、ゆっくりとです。

「すごくヨダレが出ていますよ……興奮しちゃってるんですね……」

安斎さんの声が、頭の上から聞こえてきます。唇を犯されている私は、見上げることさえできないんです。

でも言われたとおり、私の唇の端からは、大量のヨダレが流れ出ていました。

舌先が、自分の意志と関係なくオチ○チンにまとわりついていきます。最終的に安斎さんのオチ○チンが抜き取られたときには、淋しさを感じてしまったほどです。

安斎さんはそのまま私の体を床にあおむけに寝転がしました。

ようやくオチ○チンを挿入してもらえるのかと思ったら、あおむけになった私の体をさらにお尻のほうから押し上げて、下半身を上に向かって突き出させたんです。

「全部、まる見えですよ……奥の奥まで」

安斎さんはネットリした声でそう言いながら、スタジオの明るい照明にさらされた私のアソコを、指で広げてのぞき込んでいるのです。

「年齢のわりに若いオマ○コですね。きれいなピンク色です。形も左右対称で……」

安斎さんに事細かに自分のアソコを説明されて、全身が熱くなりました。

「いや、あんまり見ないで……」

私が脚を閉じようともがくと、安斎さんは私から離れ、何かを取りにいきました。

戻ってきた安斎さんの手には、新しい縄と何か丸いものが握られています。

「恥ずかしいみたいですから、恥ずかしくなくしてあげますね」

何をするのかと思ったら、いきなり私の口の中に手に持った丸いものを押し込んできたんです。息苦しさで目が回りそうになりました。

「んぐっ……ぐっ……」

もがく私を見おろして、安斎さんは私に言いました。

「これでもう、何もしゃべれませんね……」

そして安斎さんは、私の顔に目隠しまでしたんです。大きな黒い革製のアイマスクで完全に視界をさえぎられてしまいました。

「そしてもうこれで、恥ずかしくもないですね。見えないんですから……」

裸のまま視界を奪われるというのは、想像を絶する恐怖心でした。

自分がこれから何をされるのかも、どんな格好なのかもわからないんです。

呼吸がハアハアと荒くなってきました。その呼吸すら、あの丸い猿ぐつわのせいで上手くできない状態なんです。

「んんんっ！」

私は大きな悲鳴をあげました。いきなり、脚が強い力で引っぱられたんです。どうやら安斎さんは、私の脚を縛っている縄をいったん弛《ゆる》めて、両脚をさらに大きく広げて、新しい縄で縛って固定したようです。広げた両脚に引っぱられて、アソコもきっと奥まで開いていて……でもそれも自分の目で見ることはできないんです。

恥ずかしくないどころか、恥ずかしさはますます大きくなっていました。

息が荒くなって、ヨダレも溢れました。猿ぐつわになっている丸いボールには穴が空いていて、そのおかげで息はできるのですが、その穴からヨダレが垂れてしまうようなんです。それが恥ずかしくてたまらないんです。

でも、恥ずかしくなればなるほど、体って敏感にもなります。

乳首の先に、何かが触れるのを感じました。

安斎さんの指なのか、それ以外の何かなのか……見えないせいで想像が逞しくなっちゃって、異様に興奮してしまいます。

「んんあっ……！」

乳首がひねられました。やはり安斎さんの指だったんです。そして乳首に気を取られているスキに、今度はアソコに何かが突っ込まれました。

指でも、オチ○チンでもありません。奥まで侵入した直後に、いきなり体に電流が走るようなショックを受けました。バイブレーターだったんです。

内側から襲いかかる震動に悶《もだ》える私の耳元に、安斎さんの声がささやかれます。

「どうですか、感じるでしょう。目隠しされて責められるのって……」

もちろん、私に言葉で答えることなんてできませんでした。ひたすら頭を振りながら、暗闇のなかで悶絶《もんぜつ》しました。

体を暴れさせようとすると、縄が肌に喰い込みました。その縄の感触も、目隠しされていることで何倍にも感じられるのです。

そしてその感触を気持ちいいと、はっきり感じてしまいました。

バイブではなく本物のオチ○チンが欲しい、安斎さんのオチ○チンが欲しい……その思いはもう、こらえられなくなっていました。

どれだけの間、そうして大人のおもちゃで焦らされていたのかわかりません。目隠しをされると、時間の感覚もよくわからなくなってしまいます。

いきなり、私の股間から震動が消えました。

そして熱い、別のモノが私の中に入ってきたんです。

（安斎さんだ……安斎さんのオチ○チンだ……！）

そのときの私が全身で感じた歓喜を、どう言葉にすればよいのかわかりません。さんざん焦らされたあとで感じる本物の、生身のオチ○チンの気持ちよさは、バイブの比ではありませんでした。

不思議なことに、夫への罪悪感はそのときの私にはまったくありませんでした。

それはきっと、目隠しされていたことも関係していたと思います。

私のオマ○コを犯しているのはまちがいなく安斎さんですが、その姿が私からは見えていないから、ほんとうに起こっていることではないようにも思えたんです。

まるで、自分がエッチな夢のなかにいるようでした。

私の体が大きく揺さぶられました。挿入してすぐに、安斎さんは激しくピストンしてきました。体が揺れるたびに、乳房に、お腹に、縄が喰い込みます。

安斎さんの体を抱き締めたいのに、拘束されているからできません。それがもどかしいけれど、されるがままになるのはなんだか心地よくもありました。

赤ん坊のころにように、親に扱われるままの状態になっている、あの感覚に近いのかもしれません。

安斎さんを受け入れている自分のアソコが、びちゃびちゃになっているのがはっきりとわかりました。いやらしい音までしていたんです。目が見えないから、聴覚も研ぎ澄まされていたんだと思います。

すぐに気持ちよくなって、私は絶頂に達してしまいました。

でも、安斎さんは腰の動きを止めてはくれません。それどころかピストンはどんどん激しくなってさえいます。私は無抵抗のまま貫かれつづけました。

「ムグッ……！」

またしても私はオーガズムに達して、猿ぐつわ越しに悲鳴をあげました。それでもまだ、安斎さんの責めは止まりません。

全身の肌から汗が噴き出るのを感じました。

自分の体はもう限界だと、言葉で告げることもできず、私はひたすらオマ○コそのもの、穴そのものと化して、安斎さんのオチ○チンを受け止めつづけたんです。

いったいどれくらいの時間そうしていたのか、まったくわかりません。

安斎さんはときおり私の体を動かして体位を変えていましたが、自分がいまどんな体勢になっているのかもよくわかりませんでした。

視力を奪われるとそんなこともわからなくなってしまうんです。

オチ○チンで刺激されるアソコの内側が、ほとんどしびれたようになったころ、安斎さんのくぐもった声が聞こえてきました。

「う……イキそうです……」

安斎さんはそう言うと、さらに激しく私のオマ○コを追撃してきました。もう限界というところまできた瞬間、オチ○チンが体から抜かれました。そして私のお腹のあたりに、熱いものがたくさん、ほんとうにたくさんかけられたんです。

（あったかい……気持ちいい……）

ようやく安斎さんの手で目隠しが取りはずされた瞬間、私は泣いてしまいました。怖かったとか痛かったとかではありません。ただひたすら、気持ちよくて、快感のせいで涙が出てしまったんです。

安斎さんとの関係はそれからも定期的に続いています。いまではもう、すっかり緊縛セックスのとりこです。この関係を解消するつもりもありません。夫とのふつうのセックスに戻るつもりは、私にはありません。

妻の友だちとの母乳プレイに興じて浮気の愉しみに目覚めてしまった私

佐伯敏夫　会社員　四十五歳

私は三年前から妻の家の婿養子となり、現在は義父の所有するマンションに住まわせてもらっている会社員の男です。

妻の朋子《ともこ》は十歳年下で、彼女の父親が経営する会社の役員をしていて、将来はその会社を継ぐことになっています。結婚することが決まったときに私もその会社で働くように誘われたのですが、自分としてはどうしても気が乗らず、以前から勤めている小さな会社で安月給のまま働いています。

金銭的にはとてもありがたいことで、周囲からもうらやましがられる生活ではあるのですが、私はぜいたくな暮らしがしたいわけではありませんし、男としての役割を求められていない気がして、多少ならずさびしく感じていたのも事実でした。

また妻は「一生仕事がしたいから」と子作りを拒《こば》んでおり、セックスそのものが減ってきているのもそのやるせなさに拍車をかけていました。

自分の人生を生きているようないないような……要するにパッとしない日々のなか、私のなかでちょっとした意識の変化が起きる出来事があったので、その体験を書かせていただきたいと思います。


事の始まりは、妻の旧友である波留《はる》ちゃんが、二歳の赤ん坊を連れて頻繁にマンションへ遊びにくるようになったことでした。

妻と波留ちゃんは高校時代のクラスメイトで、妻は高校卒業と同時に東京の大学へ、波留ちゃんは地元で就職したのですが、出張で来ていた取引先の男とつきあうようになって数年後に結婚、大学を出て地元へ帰ってきた妻と入れ替わるかたちで東京で暮らすようになりました。

それがこのほど、旦那が浮気をしたことで夫婦ゲンカとなり、まだ乳飲み子の幼い娘をつれて地元へ帰ってきているとのことでした。

二人の会話を聞くともなく聞いていた私は、浮気した波留ちゃんの旦那を内心でけしからんと思いながら、実はその一方で、もう一つ気になっていることがありました。

波留ちゃんが子どもをあやしたりおむつを替えたりしているとき、たわわにこぼれる豊満な胸元につい目が行ってしまうのです。

モデル体型の妻は長身でキリッとした顔立ちの美人ですが、胸はほとんどありません。私としては、そのことに不満があるわけではないのですが、ただどうしても……たおやかな丸みがあって、いかにも柔らかそうな波留ちゃんの姿を見ていると、文字どおり母性というものを強く感じて、よく言えばいやされるような、本音を言えばFカップ以上はありそうな大きな乳房に顔を埋《うず》めたくなってくるのでした。

それも初めのうちは「いいもんだなぁ」としみじみ思うだけだったのですが、「母乳が溜まりすぎていて胸が苦しい」「母乳が服からにじんでしまう」「旦那が絞ってくれたらいいんだけど」などという話を聞いているうち、いろいろとよくない妄想をするようになってきてしまいました。

さらにはそんな折に授乳シーンを目撃してしまい、妄想はますます過熱することになりました。

トイレに行こうと書斎を出て廊下を歩いていたときでした。妻とリビングにいるはずの波留ちゃんが、寝室で赤ん坊におっぱいをあげているのが開いたドアから見えたのです。

思わぬラッキーに動揺しつつ、とっさに足を止めた私は、やましさを感じながらもすばやく壁の影に身をひそめました。

波留ちゃんは私がいることにはまるで気づいていない様子で、おかげで三十秒近くも授乳の光景をのぞきつづけることができました。

窓から射し込む柔らかな光のなか、重たげに垂れた生白い乳房の先端に赤ん坊がしゃにむに吸いつき、「んぐっ、んぐっ」と夢中で母乳を飲んでいました。

それはなんとも言えず幸せそうな光景でしたが、その神々しさにそぐわない、後ろめたいような感覚が私のなかでは渦巻いていました
こういう光景に劣情を覚える神経というのは一般的なものなのでしょうか。私は自分が異常なのではないかと少し心配になりました。が、その背徳感があることで、ますます強い興奮を覚えずにいられませんでした。

じっと見ていると、自分自身が赤ん坊になって波留ちゃんの乳首を吸い、温かい母乳を飲んでいる気分になってきます。それなのに痛いほど勃起して息が乱れてしまうのです。

ほどなくして赤ちゃんが満足し、波留ちゃんが乳房をしまったのを見てやっと正気に戻った私は、いったん書斎に引き返して波留ちゃんがリビングに戻るのを待ってからトイレに行きました。

このときの苦しいようなドキドキ感は忘れられません。以来、私は波留ちゃんを思い浮かべるだけで股間がふくらんでくるようになってしまいました。

もちろん、これは私のなかの秘密の欲望にとどまるものであり、そんな思いはおくびにも出さないように努めていたのですが……。

急に事が動きだしたのは、私自身も波留ちゃんとそこそこ打ち解けて、軽口や冗談を言い合える仲になったころのことでした。

職場から車での帰宅中、夜道をふらふら歩いている波留ちゃんを見かけて車を停めたのが二十時ごろだったと思います。

窓を開けて「こんなところで何してんだよ」と声をかけると、一人でカラオケに行き、久しぶりにビールを飲んでしまったとのこと。赤ん坊を親に預けてストレス発散するのはいいのですが夜道は危険ですし、少し酔っているようなので放っていくわけにもいかず、車に乗せて送っていくことにしました。

そのときの波留ちゃんはいつもよりテンションが高くなっていて、しきりに私に絡んできました。

「敏夫《としお》さん、朋子ちゃんにエッチさせてもらえてないんだって？」

そんなきわどい話題をいきなりぶつけてくるのです。

「おいおい、友だちだからってそんな話までしてるのかよ。女はこえーな」

「なんでも話してるよ。敏夫さんの好きな体位まで知ってるもん」

「そんなあけすけな話して恥ずかしくないのかよ。あいつ自身のセックスの話でもあるだろうに」

「女同士はふつうに話すよ？　そういうの気にするのは男だけ」

機嫌よさそうに言いながら、波留ちゃんは気安くボディタッチを繰り返してきました。よく考えると、これほどの近さで会話をしたのは初めてだったかもしれません。

私のテンションも自然に上がってしまい、「ちなみに波留ちゃんの好きな体位は何なの？」と調子にのって聞いてしまいました。

「んー、立ちバックかな」

間髪入れずにくれた返事は、私にとって少しばかり刺激が強すぎました。

つい想像がふくらんで股間のものがムクリと反応を始めてしまったのです。

すると波留ちゃんが、どうして見破ったのか「この程度でもうコーフンしてるの？欲求不満だから？」と横から私の股間に手を伸ばしてきたので、私は大あわてになりました。

「お、おい……さわるなよ。運転中だぞ！」

「運転中じゃなければいいんだ？」

「そういうわけじゃないけど……とにかくまずいって……」

波留ちゃんの体からは甘い匂いが香っていて、いつの間にか車内にはその匂いが充満していました。そのせいで私の股間は外からもわかるほどふくらんでいました。

「へえ、敏夫さんって意外と肉食なんだ」

頬に突き刺さってくる視線を感じながら、私は懸命に前を向いてハンドルを操作しつづけました。そうして束の間、車内が静かになったとき、波留ちゃんが「ちょっと待って、気持ち悪くなっちゃった……」と、私の肩に手を置いてきたのです。

「大丈夫？」と聞くと波留ちゃんは「吐いたほうがいいかも」と下を向いて口を押さえています。

私はすぐに車を停車させ、吐かせてやるためにいっしょに外へ出て道端で背中をなでてやりました。

夜の田舎道なので人通りはおろか車もまったく通りかかりません。周りには民家もなく聞こえてくるのは草むらで響いている虫の声ばかりでした。

「吐けそうか？」

あらためて聞いたとき、波留ちゃんがふいに私に抱きついてキスをしてきました。

密着してムニュムニュとつぶれる乳房のボリューム感と、口の中で動いている小さな舌のエロさ……。

理性が一気にぐらつきました。

股間のものは恥ずかしいほどみなぎって、波留ちゃんの下腹に思いきり当たっていました。

相手は妻の高校時代からの友だちです。こんなことをしていいはずがないという思いもあるのですが、どんどん興奮がこみ上げてきて、自分でも制御が難しくなってくるのがわかります。

前に授乳シーンを見てしまったときのことやその後に何度も思い出してオナニーをしたときの妄想が蘇《よみがえ》り、このチャンスを逃がすことなどとうていできないという気持ちになっていました。

波留ちゃんがどう考えていたのかはわかりませんが、ともかくも私たちは抱き合ったまま道路脇の草むらに立つ小さな変電所の裏手に回ると、なおも激しくお互いをむさぼり合いました。

むさぼり合ったのは唇だけではありません。変電所の壁に波留ちゃんを押しつけた私は、無我夢中のまま風船のような胸のふくらみを着衣越しにもみしだいていました。

「おっぱい出て服が濡れちゃうよ」

少し息を乱した波留ちゃんが耳元でささやいてきました。

促されるままにブラウスのボタンを手早くはずすと、「フロントホックだから」とブラの留め金は波留ちゃんが自分ではずしてくれました。

その途端、以前にも見た生白く重たげな乳房がたっぷんと揺れて飛び出してきました。私はほとんど本能のままにビョコンととがった薄茶色の先端へ唇を吸いつけていきました。

想像ではすぐに母乳が噴き出してくるはずでしたが、硬くしこった乳首は舐めても吸っても何も分泌してくれませんでした。

「乳輪を甘噛みするようにして吸ってみて」

波留ちゃんに導かれて言われたとおりにすると、たちまち口の中に甘ずっぱいような温かいミルクが満ちました。

コクリコクリと飲み下しながら、私はしゃにむに吸いました。

母乳の味は薄いマッコリのような、ヨーグルトの乳清のような感じでとても飲みやすく、いくら飲んでも飽きませんでした。

私は乳房を根元からもみしだき、ビューッ、ビューッと噴き出してくるミルクで口の周りを汚しながら、耳元で波留ちゃんの小さな喘ぎ声を聞いていました。

赤ちゃんに飲まれても感じないのに、男に吸われるとやはり心地いいようです。

そんな発見にも興奮し、私は衝《つ》き動かされるように片手を波留ちゃんのスカートの中にすべり込ませていきました。

同時に波留ちゃんも私の股間に手を伸ばしてきたので、そのままパンティに手を突っ込むと、波留ちゃんのそこは熱くトロトロにぬかるんでいました。

私は指をワレメに挿《さ》し込んでGスポットを刺激しました。

「ああっ……ヤバッ……めっちゃ感じる……」

波留ちゃんが膝をふるわせながら喘ぎ悶《もだ》え、私のベルトをはずして生身の勃起をつかみ出しました。そして巧みに手首を返して上下にしごいてくれました。

相手が妻の友だちだと思うとますます興奮してしまいます。

私は顔中を母乳まみれにして両手を動かしつづけながら、波留ちゃんの手コキでどんどん追いつめられていきました。

こんな刺激的なペッティングは私にとって生まれて初めての経験で、波留ちゃんも「旦那とだって外でこんなことしたことないよ」と言っていました。

どちらもかなり昂《たかぶ》っていましたから、勢いとしてはこのまま最後まで行きそうでしたし、そうなるだろうと思っていたのですが、このときはそうはなりませんでした。波留ちゃんは私の指で、私は波留ちゃんの指で絶頂に達したことで、お互いにかろうじて理性を取り戻したのです。

送っていく道すがらに入念な相談をして、妻にはいっさい言わずにおくことにしました。ですから疑われるようなことはありませんでしたが、自分の手や顔に母乳の匂いがしみついているような気がして、妻と顔を合わせるたびにヒヤヒヤしました。何度思い返してもあれは夢のような体験でした。思い出すたびにオナニーをしないではいられなくなり、肌にしみついた匂いを嗅ぎながら繰り返し射精しました。

自分で感じるその匂いは一週間近くも消えずにいて、私はいつしかその匂いにうっとりしながら一日を過ごすようになりました。

そんな匂いが消えかけたころ、会社で仕事をしていると、波留ちゃんから「またストレスが溜まってきたから二人で会いたい」とスマホに連絡がありました。

何往復かのやり取りを経たあと、私は妻に内緒で有給をとって波留ちゃんと旅行へいくことを決めていました。

以前の私なら考えることもできない大胆さでしたが、あの変電所裏での出来事は、私という人間を変えてしまうほどのインパクトがあったようです。

それは私が初めてする計画的な浮気でした。

妻にバレたらどんなことになるか……考えるのもイヤになるほど恐ろしいのですが、すでに波留ちゃんの母乳に取り憑《つ》かれていた私は、自分を止めることができませんでした。

待ち望んだ当日はスーツを着て家を出て、前の晩にトランクに入れておいた荷物を途中で取り出し、ラフな格好に着替えたうえで波留ちゃんを拾いました。

向かった先は、車で三時間ほど走ったところにあるひなびた温泉旅館です。

宿について部屋に入るなり、私は立ったまま彼女の乳房をつかみ出し、母乳をジュウジュウと吸いました。

「ちょっと……早いよ……ウェルカムドリンクじゃないんだから」

口ではそんなことを言いながら波留ちゃんも息を乱して感じていました。

スカートに手を入れてパンティ越しにマ○コをいじると、股布越しにも濡れているのがわかります。

旦那とケンカ中ということで欲求不満なせいもあるのでしょうが、波留ちゃんはきっと、もともとヤリたがりな子なんだろうと思います。

そのまま互いに服を乱し合いながらイチャイチャすると、私たちは男女が別の大浴場へは行かず、部屋風呂に湯を張っていっしょに入浴しました。

湯の中でお乳を搾ると、天然の新鮮ミルク風呂が出来上がります。私はその中で波留ちゃんと何度もキスをし、頭から母乳を浴び、白濁した湯にもぐりました。

波留ちゃんと出会う前までは想像もしたことのなかったプレイですが、自分には生まれつきこういう性癖があったんだとしみじみ思えて、心から満たされていくようでした。

その興奮が波留ちゃんにも伝わって、サービス精神旺盛な彼女をどんどんノリノリにさせてくれました。

洗い場では私の勃起に母乳をかけて手コキをしてくれたり、ソーププレイのように母乳を体に塗りつけて私の肌をこすってくれたりしました。

湯から上がると、サラサラの布団に全裸で飛び込んでさらに絡み合いました。

会社を休んで不貞を働いているという罪悪感は強烈でしたが、そのぶんだけ、こんな体験をする機会はもう二度と訪れないだろうという気持ちで楽しむことに熱中しました。

きっと、もともとエッチなんだろうと想像したとおり、波留ちゃんは私の勃起をアグレッシブにフェラチオしてくれ、そのうえで「自分ばっかり気持ちよくなってずるいよ」と、私にクンニリングスを求めてきました。

セックスを貪欲に楽しもうとするそんな姿勢も、妻とはまったく違います。

妻はいわゆるマグロのタイプで、とにかく受け身のままなのです。なので、ずっと私が奉仕をするという感じのセックスなのです。

「波留ちゃん……君は最高にすばらしい女性だと思うよ……」

肉厚のマ○コに舌を挿し込みながら思わず言うと、波留ちゃんが「何言ってんのよ、あんなにきれいな奥さんがいるのに……この浮気男!」と、からかうように私の首へムチムチの太ももを絡めてきました。

「むむう……」

トロトロに濡れたマ○コを顔に押しつけられながら、これもまた妻とは違う酸味のきいた刺激的な匂いにうっとりとなりました。

がんばって両腕を上に伸ばすと、波留ちゃんの背が低いぶん、楽に乳房をもみしだくことができました。窒息しそうになりながら手を動かすとプシュッ、プシュッと母乳が噴き出すのが指の感触でわかります。

なんてツユだくなボディなんだろう……私には波留ちゃんのすべてがみずみずしい果実のように思えました。

妻の悪口は言いたくないのですが、波留ちゃんと比べてしまうとほとんどパサパサと言いたくなるほどで、今後食指が動くかどうかさえ危うく感じてしまいます。

そうするうちに、波留ちゃんが「あっ……ヤバッ」と短く叫んで太ももをプルプルとひきつらせました。マ○コから溢れるジュースの匂いも濃くなります。

波留ちゃんが小さな絶頂に達したらしいことを察して、私はガバッと身を起こすなり彼女の脚を大きく開かせました。

変電所の裏ではお互いの絶頂と同時に行為が終わってしまったのです。まだ達していなかった私は今日こそ絶対に最後まで行くんだと内心で意気込み、開かせた脚の間に腰を割り込ませていきました。

「ねぇ……さすがに生はマズいんじゃない？　敏夫さん」

先端がマ○コに触れた瞬間、ニヤニヤした顔でそう言われ、私はあわてて枕元のバッグからコンドームを取り出そうとしました。すると波留ちゃんが「ふふふ……今日は安全日だから、外に出してくれるなら生でもいいよ」と、まるで試すように言い直してきたのです。

本来ならばそれでもゴムをつけるべきところでしょう。が、単純に我慢の限界にきていた私は、ほんの一瞬考えただけで生のまま波留ちゃんの中に勃起を埋没させました。

ニチュウッと音がして、熱い粘膜が竿全体に絡みついてきました。

「うわっ……中すげぇ……」

この「生」の感触も絶対にコンドームを使いたがる妻では味わえないものです。感動とともにゾクゾクッと肌が粟立つような興奮を覚えました。

少し動かしただけで暴発してしまいそうな不安のなか、恐るおそるピストン運動を始めると、波留ちゃんが喘ぎながら自分からも腰を動かしてきました。

「波留ちゃん……あんま動かないで……ぐぅっ！」

歯を食い縛って快感に耐えつつ、前屈みになって乳房をもみ絞りました。たちまち母乳がビューッと噴き出してきて、顔が母乳まみれになりました。

そのハプニングがピストンの快感を少しごまかしてくれる気がして、私は何度も顔に母乳を浴びました。すると私たちの体はどちらも母乳まみれになり、そのまま腰を使っていると、まるで母乳の海でもがいているような気分になります。

「すごい……ほんとうにすごい……」

私は口をパクパクと喘がせながら夢中になって自ら溺れていきました。

かなりの敏感体質らしい波留ちゃんは、正常位だけで、もう二、三度は絶頂に達しているようでした。

体位をバックに替えようとして、そういえば「立ちバックが好き」と言っていたことを思い出した私は、いったん勃起を抜いて、波留ちゃんを窓際まで歩かせました。

そして、窓に手をつかせて背後から腰を打ちつけ、両手を前に伸ばして乳房をギューッと絞りました。

その途端、勢いよく噴き出した母乳が窓ガラスに広く飛び散って、まるで芸術作品のような光景を作り上げました。

一度勃起を抜いたことで多少は長持ちできる状態になっていた私は、その幻想的な眺めに見とれながら、グングンとせり上げるように腰を突き出し、繰り返しイッて膝を折りそうになっている波留ちゃんを無理やり立たせつづけました。

「あぁっ、敏夫さん、いいよ……そんなテクあるなら、朋子ちゃんにしてあげなきゃ！」

「だってヤラせてくれないんだよ！」

「いいっ、イクッ……もう強引にヤッちゃえばいいのに」

波留ちゃんに妙なけしかけられ方をしながら、私もギリギリのところまで追いつめられていました。

「くう、波留ちゃん、俺もイク……も、もう出そうだよ……」

「いいよ、いつでもぶっかけて！　ああぁっ、イクッ、またイクイクゥッ！」

ひと際大きく叫んだ波留ちゃんがいきなり膝を折ったので、私はその場で正常位に移ってラストスパートをかけました。

そうして十秒もしないうち、嵐のように波打つ波留ちゃんの母乳まみれのボディに私の白濁液をぶちまけたのです。


病みつき、という言葉はこんなときのためにあるのではないでしょうか。自分でもどうかしていると思いながら、私は一週間もたたないうちにまた有給をとり、波留ちゃんを温泉旅館へ連れていきました。そのときにどんなことをして、どれだけ夢中になったかは書くまでもありません。

正直、私のなかで波留ちゃんの存在がどんどん大きくなっていて、このまま波留ちゃんが地元に居続けていたらどうなってしまうのか、妻とは別れられない身でありながら想像ができないくらいでした。が、さすがにこれ以上はお互いのためにならないと頭を抱えはじめていた矢先、旦那が反省をして迎えにきたということで、波留ちゃんは「ありがとう、おかげで気持ちを切り替えられた」と私にメッセージを残して東京へ帰っていきました。

妻に悪いのはわかっていますが、こんな浮気ならたまにはしてみてもいいなと、波留ちゃんとのあれこれを思い出しては野望めいたものを抱きはじめているいまの私がいます。

〈第二章〉

加速したセクハラが性衝動を煽りたて

性欲の強すぎる浮気相手に誘われ深夜の公園で変態的な露出セックス

大貫隆也　会社員　四十四歳

私は四十四歳のサラリーマンです。結婚もしていて、妻との間には中学生になる息子がいます。家が狭いこともあり、子どもが生まれてからは妻とはずっとセックスレスです。つまり十三年も妻とセックスをしていません。

どこの家庭も同じようなものなのかもしれませんが、やはり家族になってしまうと妻を性の対象として見ることはできなくなってしまうのでした。

といっても、私はまだまだ男盛り。自慢ではありませんが、性欲は十代のころと変わらない旺盛さです。だから常にセフレは欠かしたことがありませんでした。

そんな私がいまつきあっているのは、四十歳の独身ＯＬです。名前は葉子《ようこ》。背が高くて、肉づきがよく、少し分厚い唇がセクシーな女です。

葉子は取引先の会社で事務の仕事をしていて、営業で訪れた私にお茶を出してくれたときにひと目惚《ぼ》れしてしまったんです。

さっそくその日のうちに食事に誘い、そのまま彼女のマンションになだれ込んでセックスをしてしまい、それ以降セフレとしてつきあっています。

彼女のマンションはちょうど私の通勤途中の駅近くだったので、ほぼ毎晩のように彼女の部屋に寄り、セックスしていました。

葉子は見た目どおり性欲が強く、一晩に何度も求めてくるんです。私も仕事で疲れていますが、相手をしないとほかの男を誘いかねないほど性欲が強いのです。葉子のナイスバディをほかの男が抱くと思うと耐えられなくて、どんなに疲れていても私は彼女を抱くために途中下車してしまうのでした。

そんな葉子は、あのときの声も大きいのです。むちゃくちゃ大声で喘ぐので、近所迷惑になるのではないかと心配になるほどでした。それは彼女も自覚していて、そのためにわざわざ壁の厚い部屋に住んでいるということでした。

あるとき、セックスのあとに葉子がスマホで何かを聴いていました。スマホからはAVのような喘ぎ声が聞こえています。

「なにを聴いてるんだよ?」

私がたずねると、葉子はにっこり笑って答えました。

「これね、あたしたちのエッチのときの声を録音しておいたの」

自分の喘ぎ声や私のうめき声を聞いていたのです。私が思っていた以上に淫乱な女でびっくりしました。

そんな葉子がさらなる変態行為に突き進んでいくのはごく自然な流れでした。

数日後、葉子は今度はとんでもないことを私にせがんできました。

「ねえ、あたしがオナニーするところを撮影してもらえないかな」

「どうしてそんなことを？」

私がたずねると、葉子は少し恥ずかしそうに、しなを作りながら言うんです。

「だって、撮られながらだと気持ちよさそうなんだもん」

その様子はとてもエロくて、この女とつきあってよかったという気分にさせられました。もちろん私は快諾《かいだく》しました。なぜなら私たちはセフレで、卑猥なことをするためにつきあっているのですから。

「いいよ。撮ってやるよ」

私は葉子にスマホのカメラを向けて録画ボタンを押しました。

「うふふ……なんだか恥ずかしいなあ」

そんなことを言いながらも葉子は下着を脱ぎ、ソファに浅く腰かけました。そして両脚を大きく開き、膝のあたりを両腕で抱え込むように持ちました。股間がこれでもかと突き出され、割れ目とお尻の穴が丸見えです。しかも、割れ目の間からは、すでに透明な液体がにじみ出ていました。

「なんだよ、もう濡れてるのかよ」

「だって、撮られることを想像しただけで興奮しちゃうんだもの」

「いいよ。もっと興奮しろよ。ほら、もう撮ってるんだから、思いっきりオナニーしてみせてくれよ」

「あぁぁ～ん……」

床の上にあぐらをかいて座った私の目の前で、葉子は自分の股間をいじりはじめました。

指先で肉丘全体を押しつぶすように愛撫すると、肉びらがピチュッという音とともに剝がれ、その奥までが丸見えになりました。

そして、割れ目を数回縦になぞって指先を愛液まみれにし、それをクリトリスに塗りたくるようにしてヌルンヌルンとこね回しはじめました。

「あぁぁぁん……気持ちいい……。はあぁぁん、撮ってる？　ちゃんと撮ってる？」

「ああ、撮ってるよ。すごくエロいよ。クリトリスがもうパンパンになってるし、オマ◯コからマン汁がどんどん溢れてきてるよ」

「ああん、いや……恥ずかしい……。でも、興奮しちゃうわ。はあぁ……」

葉子は右手でクリトリスをこね回しながら、左手で乳房をもみしだきつづけます。

でも、それだけでは飽き足らなくなり、乳房をもんでいた手を股間に移動させ、ぽっかり開いた膣の中にねじ込みました。そして、クリトリスをこね回しながら、指を抜き差ししはじめたんです。

「ああっ、いい……。これ、気持ちいいぃ……はあああっ……」

オマ◯コからはグチュグチュといやらしい音が鳴り、葉子の指はすぐに濃厚な本気汁にまみれて真っ白になっていきました。その様子はエロすぎます。カメラマンに徹しようと思っていた私でしたが、さすがに我慢できなくなってしまいました。

「おい、葉子。しゃぶってくれ」

私はズボンを脱いでソファに上り、ペニスを葉子の顔に近づけました。

すると葉子は両手でクリトリスと穴をいじくりながら、首を伸ばしてペニスに食らいついてきました。

「はあうぐ……ぐぐぐ……」

そんな獣のような声を洩らしながら、熱烈にペニスをしゃぶるんです。

「おおっ……なんてエロいんだ、おまえ……。ああ、たまらねえよ」

まさにセックスモンスターです。こんなエロい女とつきあえたことを感謝しながら、私はその間も葉子のオナニー姿をスマホで撮影しつづけました。

おいしそうにペニスをしゃぶっている顔と、ゆさゆさ揺れる大きなオッパイ。さらにその向こうには勃起したクリトリスを指先で転がす様子と膣口に抜き差しされる本気汁まみれの指がすべて一つのフレームに収められているんです。

それはそこらのAVとは比べものにならないぐらい卑猥な眺めでした。

必然的に私のペニスは破裂しそうなほど勃起していき、葉子の口の中でピクンピクンと細かく痙攣しはじめました。

「うぐっ……うぐぐ……」

不意に葉子が苦しそうなうめき声を出しながら、すがるような視線を私に向けてきました。どうやら絶頂のときが近づいてきているようでした。それでも葉子はペニスを口から離そうとはしません。離さないどころか、舌を絡め、口の中の粘膜できつく締めつけながら、さらに激しく首を前後に動かしつづけるんです。

葉子がイキそうになっているのと同じように、私ももうイキそうでした。

「おお、葉子……。ううう……俺も……俺ももう限界だよ」

私がそう言うと、葉子はペニスを咥えたまま私の目を見つめました。好きなタイミングで射精してもいいわよ、というアイコンタクトです。

「よし。いっしょにいこう。ああ……ううう……あああ……」

「はぐぐ……ぐぐぐぐ……はっ、ぐぐ！」

葉子の体が硬直しました。同時に口腔粘膜がさらに強くペニスを締めつけて強烈な快感を私に与えました。

次の瞬間、ペニスが石のように硬くなり、尿道を熱い感触が駆け抜けていきました。そして、葉子の口の中に私はたっぷりと射精したのでした。

「ああ、すごく気持ちよかったよ」

精巣の中が空っぽになるぐらい大量に射精し、私は満足して大きく息を吐きました。しかし、葉子はまだペニスを口に咥えたまま、離そうとはしません。チュパチュパと音を鳴らしながら、管の中に残った精液まで吸い出そうとするんです。

「ああ、もうダメだよ。腰が抜けちゃうよ」

私が情けない声で言うと、ようやく葉子はしゃぶるのをやめてくれました。そして低くうめきながら、私が手にしたスマホに視線を向けました。撮影を続けろということのようです。

私は葉子にスマホを向けたまま、ゆっくりとペニスを彼女の口から引き抜きました。すると葉子は大きく口を開けて、中にたっぷりと白濁液が溜まっているのを見せつけてから、それをゴクンと全部飲み干しました。そしてまた大きく口を開けて、空っぽになっていることを確認させるのでした。

「ああ、おいしかった」

そう言って葉子はにっこり笑ってみせました。

「おまえって、ほんとにエロいことが好きだよな」

「まあね。でも、撮影されながらオナニーするのは、すっごく興奮しちゃった。あなたも撮ってて興奮したでしょ？　だって、精液がものすごく濃厚だったもの」

図星でした。こんなに気持ちのいい射精は久しぶりでした。

「確かにすげえ興奮したな。また撮影してやるよ」

私はそう言いましたが、葉子の淫乱さはその程度でとどまるものではありませんでした。

それから一週間ほどたった日、いつものように仕事帰りに彼女の部屋に寄ると、今度は外で人に見られながらセックスをしてみたいと言い出したのです。

「あなたにスマホで撮影されるだけであんなに興奮したんだから、知らない人たちに見られながらだったら、もっと興奮しそうじゃない？」

「さすがにそれはやばいよ。下手したら公然わいせつ罪で社会的地位もなにもかもお終いだぞ」

「大丈夫よ。誰も通報したりしないわ。うちの近所に大きな公園があるの。そこ、野外セックスのメッカなんだって。ネットの掲示板でのぞきが趣味の人たちが情報交換してたの。だから、のぞきにくる人はいても通報する人はいないわ」

こうなったら葉子は引き下がりません。しばらくあれこれ言い合いをしましたが、結局、私は葉子の熱心な説得に負けて承諾しました。本音を言えば、自分でも野外でするとどれくらい感度が違うものなのか、興味がなくもなかったのです。

それに、夏前のちょうどいい気候で、野外でセックスをするには最適な時期だったんです。

人生、なにごとも経験です。この歳まで野外セックスをしたことがなかったほうがおかしいのではないかという気がしてきていました。けれども、最近はなんでもかんでも撮影してSNSにアップするのが流行っています。

警察に通報されなくても、もしも写真や動画がネットで広まったらたいへんなことになってしまいます。だから私と葉子はマスクとサングラスで顔を隠して公園に向かいました。

そこは葉子の言うとおり大きな公園で、周囲を林が取り囲み、中央は広場のようになっています。昼間は若いカップルがバドミントンをして遊んでいたり、営業マンがベンチで昼寝をしていたり、そこそこ大勢の人が利用しているらしいのですが、さすがに夜遅い時間には誰もいませんでした。

他人に見られることが目的だったので、少し拍子抜けしましたが、葉子はそんなことは気にした様子もなく、きょろきょろしながらセックスする場所を探していました。

「あの辺にしましょ」

葉子がそう言って指さしたのは、公園内の遊歩道から少し植え込みの中に入ったところでした。遊歩道からは木が邪魔で見えないけど、街灯の明かりはかすかに届くといった場所です。

用意してきたレジャーシートをそこに敷き、葉子はまるでピクニックに来たかのように腰をおろしました。私もその横に腰をおろすと、葉子はいきなり抱きついてきました。もう我慢の限界といった様子です。

マスクをはめたまま、葉子は私の耳元でささやきました。

「ねえ、早く抱いて」

「抱いてやるけど、いつもみたいな大声を出したらダメだぞ」

「わかってるわ。んんん、早くぅ……」

押し殺した声で言いながら私の股間をまさぐる葉子は、いつも以上に色っぽく、私も我慢できなくなりました。

「よし。じゃあ、まずはフェラをしてくれよ」

私はジャージのズボンを太もものあたりまで下げてペニスを剝き出しにしました。夜とはいえ、外でペニスを剝き出しにするのは妙な感じです。さすがに緊張していたので、ペニスは縮こまったままでした。

「あら、かわいいわ」

葉子は指先でペニスを軽く弾いてから、マスクをあごのほうにずらして口に含んでくれました。そして、舌で転がすように舐め回すんです。周りは静かで、かすかに虫の鳴き声が聞こえるだけです。そこに葉子のフェラチオの音がクチュクチュチュパチュパと響くんです。

開放感とスリルと、公共の場所でこんなことをしているという禁断の思いに、私のペニスはすぐにムクムクと勃起してきました。

「あら、もうこんなになっちゃったわ」

口から出すと、唾液まみれのそれに唇をかすかにつけたまま葉子は言いました。

「外でしゃぶられるのも、なかなかいいもんだな」

「じゃあ、今度はあなたがあたしを気持ちよくしてよ」

「いいよ。もう濡れぬれなんじゃねえか」

そう言って葉子のスカートの中に手を入れると、指先が温かいぬかるみにぬるりと埋《うず》まりました。

「はあぁぁん……」

葉子は体をピクンとふるわせて、私にしがみついてきました。

「パンティをはいてないのか？」

「だって、どうせ脱ぐんだから邪魔になるでしょ。ねえ、もっとさわってぇ」

確かに葉子の言うとおりです。オマ◯コはすでにぐしょ濡れなので、洗濯物が増えるだけだったでしょう。

「よし。いっぱいさわって気持ちよくしてやるからな」

私は葉子の割れ目を指でなぞりました。肉びらがまとわりつき、溢れ出た愛液がピチャピチャと鳴りました。その愛液の源である膣の中に指をねじ込むと、葉子は私の腕をぎゅっと強くつかみました。

「ああっ……気持ちいいぃ……」

と同時に、膣壁がきゅーっと収縮し、私の指をきつく締めつけるんです。その締まりのよさはふだん以上です。

「すごく感じてるんだな？」

「だってぇ。見られながらするのは興奮しちゃうんだもの」

「……見られてる？」

私は小声でたずねました。すると葉子はオマ○コに指を入れられたまま、あごで横のほうを示しました。

「ん？　なんだ？」

私は指マンを続けながら、なにげなくそちらを窺いました。すると草むらの中に、体を伏せた人影がぼんやりと浮かび上がっているんです。そうです。さっそくのぞき魔が私たちを見つけて、じっと息を殺してのぞいているのでした。

私はあわてて葉子がさっきフェラチオのときにずらしたマスクをきちんとつけ直してやりました。

「おい、顔を隠しておけよ。写真を撮られたらどうするんだ？」

「大丈夫よ。サングラスだってしてるんだから。それより、もっとして。みんな見たがってるみたいだから」

葉子の言葉を聞いて、私は思わず息を呑みました。よく見ると、のぞき魔は一人だけではありませんでした。私たちを取り囲むようにして、十人近くののぞき魔が息を殺しているのです。

見られるかもしれないというスリルから、見られているという実感に変わり、なんとも言えない興奮に私は身震いしました。顔さえ隠していれば、いくら見られても問題はありません。私は完全にふっきれてしまいました。

「よし、あいつらがよだれを垂らすようなすごいエッチを見せてやろうぜ」

私は葉子の耳元でそうささやき、もう一度彼女のスカートの中に手を入れました。そこはもうトロトロにとろけていて、私の指を簡単に呑み込みます。

「あぁぁぁん。いっぱいかき回してぇ……」

葉子は私に向かってガニ股気味に股を開いていきます。

彼女もサングラスとマスクを着用しているので、オマ○コを見られたところでどうってことはありません。だから私はスカートをペロンとめくり上げました。すると私の指を呑み込んだオマ○コが丸見えになりました。

その瞬間、草むらの中でザザザ……と音がして、のぞき魔たちがいっせいに移動するのがわかりました。みんな、葉子のオマ○コがよく見える場所に移動したんです。

そうなると、こっちもサービス精神が沸き上がってきて、わざと体をずらしてよく見えるようにした状態で、指を抜き差ししはじめました。

「はあぁ……あぁぁん……」

葉子は私の指の動きに合わせてヒクヒクと腰を動かします。すでに愛液はねっとりと濃厚になっていました。

「すげえ感じてるんだな」

「そうよ。むちゃくちゃ興奮しているの。もっと……もっとしてぇ……」

葉子は両膝を抱え込んで陰部を突き出しました。

「よし、とりあえず一回イクところを見せてやれよ」

私は指を二本に増やし、それをかすかに曲げた状態で葉子の膣壁をこすりはじめました。

「ああっ、ダメ……。あぁぁっ、ダメ、ダメ、そ……そこ、気持ちいい……はあああん。い……イキそう……。はああっ……もうイキそう」

グチュグチュと濃厚な粘液の音が鳴り、その音が徐々に水っぽく変わっていきます。

「いいよ。イケよ。さあ、イケ。さあ」

「あああっ……ダメ……あっはあああん。イクイクイク……あああああん……」

葉子は悲しげに声を張りあげた瞬間、勢いよく潮を吹きました。それはまるでスプリンクラーのようにあたりに飛び散りました。

「す、すげえ……。潮吹きだ。すげえよ」

私は興奮して、さらに激しく指マンを続けました。いままで葉子のオマ○コが潮を吹いたことはありませんでした。それぐらい野外でするエッチは興奮してしまうということのようでした。

私たちが興奮しているのと同じように、のぞき魔たちもますます興奮していくようでした。気がつくと、さっきよりもかなり近づいてきているようです。荒くなった吐息が聞こえるぐらいです。

まるで飢えた獣たちに取り囲まれているような錯覚を覚えました。でも、その気配は私をますます興奮させ、もっといやらしいものを見せてやりたい気持ちにさせられるのでした。

「よし、今度はいっしょに気持ちよくなろう。葉子、騎乗位で入れてみろよ」

私はレジャーシートの上にあおむけになり、ペニスをつかんで先端を夜空に向けました。自分でもあきれるぐらい硬く大きくなっていました。力がみなぎりすぎて、ピクピクと痙攣してしまうほどです。

「あぁぁん、すごいわ。あぁぁん、入れてもいいのね？　この大きくなったものを入れてもいいのね」

うれしそうに言うと、葉子はその場に立ち上がり、なんとスカートとブラウスを脱ぎ捨てて全裸になりました。

街灯の明かりにぼんやりと浮き上がる熟れた女体はいやらしすぎます。

また、ザザザと草むらが音を立てました。のぞき魔たちの輪がまた少し小さくなったようです。

そのことを葉子もわかっているのでしょう。わざと見せつけるように乳房を両手でもみながら、私の股のあたりを跨《また》ぎ、ゆっくりと腰をおろしてきました。

そして、股間を亀頭にこすりつけるように前後に数回動かしてから、さらに腰をおろし、ペニスをねっとりと呑み込んでいくのでした。

「はあぁぁん……入ってくる……。あぁぁあん……」

「ううう……葉子のオマ○コ、すごく熱くなってるよ。ああ、気持ちいぃよ」

「あなたのオチ○チンもすごく硬くなってるわ。野外セックスはやっぱり最高ね」

完全に腰をおろしきると、私の大きなペニスが全部葉子のオマ○コに埋まってしまいました。

膣壁がうごめいてヌルヌルとペニスを締めつけ、腰を動かさなくても強烈な快感が私を襲います。葉子も同じようでした。ペニスはひとりでにピクピク動き、膣奥をくすぐるのでしょう。悩ましげに喘ぎながら、両手で乳房をもみしだくのでした。

でも、さらなる快感を求めるのは当然です。葉子はしゃがみ込んだ姿勢のまま腰を上下に動かしはじめました。ヌチュヌチュと音が鳴り、粘膜と粘膜がこすり合わされる快感に、私は身悶《みもだ》えてしまいました。

「すげえ……。ううう……気持ちいい……。ああ、気持ちいいよ……」

ふだん、部屋の中でするときの倍ぐらい気持ちいいんです。のぞき魔たちも草むらの中でゴソゴソしはじめました。きっと私たちのエッチを見ながらオナニーをしているのです。その気配は、ますます葉子を淫乱にさせていきました。

「見てぇ……。みんな、見てぇ……」

そんなことを言いながら、ゆっくりと腰を上げていき、完全に抜けきる手前でまた根元まで呑み込み、またゆっくりと引き抜いていき……ということを繰り返すんです。

そのゆっくりとした動きは、のぞき魔たちを興奮させるだけではなく、私にも強烈な快感をもたらしました。

「ああ、ダメだ。葉子。今度は俺が……」

私が体を起こすと、ペニスがヌルンと抜け出て、あたりに愛液を飛び散らしました。

「あぁぁぁん。乱暴ね」

「外でするなんて獣と同じだろ。それなら獣のように犯してやるよ」

葉子を四つん這いにすると、私は今度はバックから挿入してやりました。

「あっはああん！」

「どうだ？　獣のセックスだ。気持ちいいか？」

「あああん、いい……。気持ちいい……。はああん！　あっはああん！」

腰のくびれを両手でつかんで激しく抜き差しを繰り返しました。二人の体がぶつかり合い、パンパンパン……とリズミカルな音が夜の闇のなかに響きました。

いつもよりもさらに締まりのいい膣道にペニスを抜き差ししていると、私の限界がすぐに訪れました。あとほんの数回抜き差ししたら、もうイッてしまいそうです。

「うう……葉子……もう出そうだ。あああっ……」

「はあああん、お口に……お口にちょうだい……あああっ……」

乳房をゆさゆさ揺らしながら葉子は顔をこちらに向けて懇願しました。ほてったその顔を見ながらさらに腰を振ると、もう私はそれ以上我慢できなくなってしまいました。

「あああっ……出る……あああああっ……ううう！」

ズンとひときわ強く突き上げてからペニスを引き抜くと、葉子はすばやくこちらを向き、マスクをはずして大きく口を開けました。私はそこに突き刺すことなく、十センチほど離れたところから精を放ちました。

勢いよく噴き出した精液が葉子の口元から顔全体に飛び散りました。葉子はうっとりとした表情でそれを受け止め、ぐったりとレジャーシートの上に横たわりました。

「はあぁぁ……最高だったわ。あああ……見られながらするセックスって最高よ。のぞき魔さんたち、またのぞいてね」

顔を精液まみれにしたまま葉子が言うと、草むらの中からいくつものため息が聞こえてくるような気がしました。

それ以降、「また公園でしましょ」と葉子が何度も誘ってくるのですが、のぞき魔たちの情報交換の掲示板で「すごくエロい熟女がいる」と葉子のことが話題になっていて、このまま野外セックスを繰り返していていいのかどうか少し悩んでいるんです。

一泊二日で参加した乱交パーティで何人もの男性と数えきれないほど

広中聖子　主婦　三十八歳

　小柄で日本的な風貌だとよくいわれる私ですが、実は帰国子女で、世間的には一流といわれている大学の英文科を卒業しています。

　同じ大学の先輩だった一つ年上の夫は商社マンで、とくに生活に不自由はありません。とはいっても、まったく不満がないといえば嘘になります。

　仕事柄、夫はなにかと忙しく家に不在がちで、近所の奥さんたちとも話が合わないのであまり外にも出ず、退屈な毎日を送っていました。それが、不満といえば不満でした。

　子どもでもいれば少しは違うのでしょうし、そのことをあきらめたわけではないのですが、いま言ったとおり夫は家を留守にすることが多く、帰ってきてもひどく疲れていてすぐに寝てしまい、ベッドをともにするのはせいぜい月に一回あるかないかといったところでした。これでは、いつまでたっても子どもなどできそうにありません。

そんなモヤモヤとした日々を送っていたところに、大学時代のゼミの指導教授から十数年ぶりの連絡があったのは、三カ月ほど前のことです。

話を聞くと、教授の知り合いが翻訳の手伝いを探していて、私を思い出してくれたということでした。いまでも英文の原書をたまに読んでいる私にとって、翻訳といっても半ば趣味のようなものです。恩師が私の英語力を買ってくれたのもうれしく、なにより退屈な毎日を送っていた私ですから、即座に話に飛びついたのは言うまでもありません。

紹介された、ヨーロッパ史の研究者だという河野《こうの》さんの家を訪ねたのは、翌日の午後でした。ローズガーデンのある郊外の広いお宅で私を出迎えた河野さんの第一印象は、想像していたよりも若い女性だったんだな、というものです。

背がスラリと高く肌も健康的に日焼けしていたこともあって、四十代前半くらいの年齢だろうと思いました。

ところが、仕事の打ち合わせが終わって、紅茶を飲みながらの雑談のなかで、彼女が私の予想よりも十歳以上年上の五十代半ばだと聞いて驚きました。また、河野さんは離婚歴があり、二番目の旦那さんとは三年前に死別して、いまは一人暮らしなのだと聞かせてくれたのです。

「亡くなった主人は、昔からの土地持ちの息子で、お金と不動産だけは持っていたのよ。この家もそう」

そんなことを悪びれもせず初対面の私にあけすけに話す河野さんに、むしろ私は好感を抱きました。芸能人のゴシップや、他人の噂話ばかりの近所の奥さんたちにくらべれば、よほどつきあいやすいと思ったのです。

それからは、週に一回のペースで郊外のお宅にうかがって、私が翻訳した原稿と引き替えに新しい英文原稿を預かり、打ち合わせをするのが楽しみになりました。河野さんも、私の翻訳は正確で早いと、仕事ぶりを気に入ってくれました。

そんなふうでしたから、私が河野さんに会うのも、仕事の打ち合わせというより、雑談のためといった感じになっていきました。その雑談のなかで、仕事は暇潰しのためにしているようなものだという言葉に、彼女は自分に似ているなどと思ったものです。また、彼女のはっきりものを言う性格と広い教養に心酔し、私は自分のプライベートなことなども、気楽に話せるようになっていました。

そして、ついひと月前のこと、私と河野さんが、いつもどおり週一回のお茶と雑談を楽しんでいたときのことです。

「広中《ひろなか》さんが一所懸命やってくれるから、仕事が予定よりずっと早く片づきそうね。このあたりで、少しペース落としましょうか」

ティーカップの向こうで微笑む河野さんに気をつかわせてしまったと思い、私はついつい肩をすくめました。

「ペース落としてしまって大丈夫ですか？」

「ほんとうに大丈夫だから。それより、ペースを落とそうと言ったのは、私が広中さんについつい甘えて仕事を詰め込んでいるせいで、御主人のことを二の次にさせてしまったような気がしたからなの」

「いえ、それならご心配なく。前に話したとおり夫は仕事人間で、その点ではお互い様ですから」

苦笑する私に、河野さんは小首をかしげ少し考えてから言いました。

「こんなことを聞いて失礼とは思うけれど、御主人との仲は？」

「これといって不満はないですが、すれ違いばかりであまり良好とも言えませんね」

「だったら、今週の土曜日の夜にちょっとおもしろい集まりがあるのだけれど、いっしょにどうかしら？」

「おもしろい集まり、ですか？」

「広中さんとおつきあいして、あなたがとても好奇心に溢れた方だとわかったわ。それで、気分転換という意味でちょっとした冒険はどうかしらと思ったものだから。内緒の話なんだけれど、ね」

声をひそめた河野さんの口から続けて出た話に、私はさすがに言葉を失いました。おもしろい集まりとは、俗に言う乱交パーティのことだったからです。

驚いて返事ができないでいる私に、河野さんは「自分は主催者の協力者で、これはという人しか誘うことはない」「もちろん自分も何度か参加して楽しんでいる」「参加者は信用できる人ばかりで、後腐れの心配は百パーセントない」と、たたみかけました。

最後に、返事を待つ上目づかいで微笑んだ河野さんは、言ったのです。

「女性も家庭に縛られずに、もっと性を楽しんでもいいと思わない？　広中さんなら、私の言っていることをわかってくれるわよね？」

そして私は、ついうなずいてしまったのでした。

いま思うと河野さんは、私のなかの満たされない女の部分を見抜き、やはり同類だと思ってくれていたのかもしれません。

どことなく浮《うわ》ついた気分で数日を過ごし、迎えた土曜日の昼下がりに東京駅で待ち合わせした河野さんから、向かう先は伊豆にある別荘だと聞かされました。パーティは一泊二日の予定で、夫には大学時代に仲のよかった女友だちとの一泊旅行だと言ってあります。

夕方、新幹線の最寄りの駅からタクシーで到着した会場となる別荘は、道路から離れた広い敷地にある丸太建築でした。広い敷地内にはすでに、数台の車が停まっています。

私の様子をうかがっていた河野さんは、建物には少し大げさに思える重厚な鉄門の前で立ち止まりました。

「これなら外からのぞかれる心配もないし、安心でしょ？　庭には、温泉を引いた、かけ流しの露天風呂もあるし、小さいけどプールまであるのよ。死んだ主人のコネを使って私が探した出した貸し別荘だけど、こんな好都合な物件はめったにないのよ」

河野さんはそうささやき門の脇のチャイムを押しました。

すぐに建物の玄関が開き、六十代に見える上品そうなご夫婦が、満面の笑みで私たちを出迎えます。

「やあ、いらっしゃい。こちらが、河野さんのおっしゃっていた広中さんですか？　私たちが、今回の主催者を務めさせていただきます。よろしくお願いしますね」

「は、はい。よろしくお願いします」

「広中さんは初めてとお聞きしましたが、わからないことがあったら、お尋ねください。いや、私よりも、河野さんに教えていただいたほうがいいですかね」

「パーティが始まる前に、軽く温泉に入りましょう。細かい話はそこで」

そう言って河野さんは、主催者夫婦と談笑しながら別荘に入っていきます。私は、そのあとをただついていくしかありません。

そうしてやってきた大浴場の更衣室には、女性の先客が二人いました。一人は三十代、もう一人は四十代くらいだったでしょうか。ちょうど温泉から上がったばかりで、白いタオル地のガウンを羽織っています。私たちと入れ違いになった二人は、軽く頭を下げて更衣室を出ていきました。

「彼女たちもパーティの参加者よ。この間も来ていたわね」

手ばやく服を脱ぐ河野さんは、今夜の参加者について教えてくれました。

それによると、私たち二人にさっき出迎えてくれた主催者のご夫婦も合わせて十五人とのことでした。ご夫婦やカップルは三組で、残りは私たちのように単身の参加者男女ですが、男性が多くなるよう調整しているのだと河野さんは笑いました。

それにしても、女の私がほれぼれとしてしまうほど、河野さんの体は予想以上にきれいでした。むだなぜい肉などまるでなく、胸は小さめですが乳首がツンと上を向いています。

（とても五十代とは思えないわ。これこそが、本当の美魔女というものね）

そんな心のつぶやきが聞こえたのか、彼女も私の体を眺めて感心したように言いました。

「服の上からも想像はついていたけど、広中さんは、男好きのする体してるわね。小柄なのに胸が大きいし、肌も透明感があってエッチな体だわ。きっと、男性の参加者で取り合いになるんじゃないかしら。自信をお持ちなさい」

「そ、そうでしょうか？」

「相手を選ぶ権利は女性のほうにあるから、相手によってはお断りしてもいいのよ」

それからも、並んで広い湯船につかりながら、河野さんはざっとパーティの流れを話してくれたのでした。

温泉から上がって更衣室に用意されていたタオル地のガウンを羽織り、大浴場から会場のリビングルームに向かう私と河野さんは、下着をつけていませんでした。

リビングのドアの脇には大きな脱衣カゴが置かれ、そこには脱ぎ捨てられたガウンが山になっています。

「さっき教えたわよね？　ここから先は、すべてを脱ぎ捨てさらけ出すのがルール」

言うが早いか、河野さんはガウンを脱ぎ捨て脱衣カゴに置きました。覚悟を決めた私も、それにならいます。

河野さんがドアを開くと、何人もの生まれたままの姿になった男女が、いっせいに視線を向けてきました。けれど、それも一瞬のことで、飲み物を手にした皆はすぐにまた、それぞれ談笑を再開したりソファでくつろぎはじめます。

主催者の奥さんからワインのグラスを受け取った私は、参加者や部屋の様子を眺め渡しました。

参加者は男女とも私と同年代の四十代、三十代が多く、ちらほらと五十代、あとは六十代の主催者夫婦、まだ二十代らしい男女も数人見うけられます。

クラシック音楽が流れるリビングは、三十畳ほどもあるでしょうか。壁に暖炉がしつらえられ、ホームバーや軽食のワゴンまで用意されていました。そしてなによりも目をひいたのは、壁際に敷かれた十組ばかりのマットと毛布です。

「これで全員揃ったようですね。それでは、簡単な自己紹介といきましょう。例によって下の名前、あるいはニックネームだけで、個人を特定できるようなことは言う必要はありません」

呼びかけた主催者のご夫参を中心に参加者は集まり、ゆるやかな輪になりました。私も河野さんに目で促されて、その輪に加わりました。

全裸の参加者を間近にして、私は目のやり場に困り、羞恥心も捨てきれずに目まいに近い感覚に陥《おちい》ります。その一方で、ここまであからさまな裸身を見る機会はなく、肉体にはそれぞれに個性があるものだと感心せずにはいられませんでした。

パーティに参加しているのは、ふだんは普通の生活をしている人ばかりです。けれどその生活感のある肉体がリアルで、かえってエロチックに感じられました。

恥ずかしい話かもしれませんが、私は夫しか男性を知りませんでしたから、大きさや長さ、形も千差万別のさまざまな男性参加者のペニスを正視できず、かといってどうしても興味をひかれてしまい、ただただドキドキするばかりです。中には、すでに勃起しているペニスもありました。

気がつくと、そんなペニスに貫かれている妄想にひたっていた自分に、私はひそかに頬を赤らめました。

やがて、自己紹介も終わると参加者はそれぞれ気になった相手にアプローチを始めました。最初は遠慮がちでしたが、お酒の酔いも加わってか、キスをしたり大胆に愛撫を始めている即席のカップルもいます。そんなものを見せつけられて、どうしていいのかわからないまま、私は目で河野さんを探しました。

「！」

私は思わず息を呑みました。やっと見つけた河野さんは、部屋の隅でひざまずき、左右で仁王立ちになった男性のペニスを交互にしゃぶっていたのです。

(あなたも早く楽しみなさい)

一瞬、視線が合った河野さんの目は、そう語りかけていました。

振り返ると、壁際にはまだパートナーを見つけていない男女が数人、それぞれ離れて固まり、手持ちぶたさなふうにしていました。その中の三人の男性の視線が、明らかに私に送られています。

(そういえば、決定権は女性の側にあるって河野さんは言っていたわ)

私は三人に歩み寄ると、同年代の朴訥《ぼくとつ》そうな顔つきに好感を持てなくもない、といったタイプの男性に歩み寄り、そっと手を引きました。

「あ、あの、ぼくでいいんですか？」

印象そのままの反応を見せたその男性に、自分でも意外な言葉が出ました。

「だって、私を見てこんなになってくれたんですもの」

私は彼の勃起したペニスに触れます。

「うっ！」

彼は低くうめき、夫のそれよりも長さと反りのあるペニスの先端を、ピクリと揺らしました。そして、私たちは手を取り合って壁際のマットに移動します。

ただでさえ経験したことのない異常な空間にいた私は、この段階で不思議な興奮に包まれていました。ほんの短い距離を歩いただけで、自分のあの部分がぬるぬると濡れていることに気づいたほどです。

マットの上で私は、初めて夫以外のペニスを頰張りました。彼はまた低くうめいて体を固くします。

「ぼくにもお返しさせてほしいな」

そう言って彼は、私の肩をつかむと優しく横たえ、股間に顔を埋《うず》めました。

「ああっ」

彼の舌づかいに、今度は私がうめきを洩らす番です。

ほんとうに妙な気分でした。ごくたまに夫とベッドをともにしたときの、通り一遍なクンニとは違うていねいな舌の動きに背中をのけぞらせ喘ぎながら、頭の片隅はどこか冷静なままだったのです。

おそらく、初めての体験への好奇心から、観察したい気持ちがあったせいかもしれません。

けれど、ふと視線を横に向けた瞬間、私のなかで何かが弾けました。

隣のマットの上では、むっちりとした女性が筋肉質の男性にバックから犯されて、悲鳴のような喘ぎ声を洩らしていました。苦痛のそれにも似た快感にゆがんだその横顔の持ち主は、大浴場の脱衣場で見かけた三十代の女性でした。

私のなかで、対抗心に似た気持ちが燃え上がりました。

（私だって気持ちよくなりたい！）

そんな気分が湧き上がるやいなや、体が勝手に動きました。

「もう十分よ」

「え？」

「早く欲しいの、入れたいのよ」

「ぼくもです」

半身を起こした私は、彼をあおむけにしてペニスの根元を握り、あせった気分で跨《また》がりました。

夫以外の、生まれて二本目のペニスが私の中に徐々に呑みこまれていきます。

「あーっ！」

自分でもびっくりするような甲高い声が、のどの奥から絞り出されました。

その大きな喘ぎが、さらに私を興奮させます。自分の意志とは無関係に、体はさらなる快感を求め、腰が激しく上下しました。

そのたびに、ぐちゃっ、ぐちゃっと湿った音が響きます。

（みんな、私を見て！　私は、この場にいる中でいちばんエッチな女なのよ！）

大きな喘ぎ声も、私のあの部分で彼のペニスが出し入れされるいやらしい音も、周囲の皆に聞かせたい気分でした。同時に、自分の女の部分をさらけ出す開放感と、肉体的な快感が混ざり合った、初めての感覚が私を襲います。

早くも迎えかけた絶頂感をさらに強めるため、なんとかこらえようといったん動きを止めてきつく目を閉じた私に、そのとき、横から声がかかりました。

「あの、俺もお願いできませんか？　さっきからもう、たまらなくなっちゃって」

「え？」

薄目を開いて声の方向を見ると、鼻先にペニスの先端が触れました。

さっき、物欲しそうな視線を私に送っていた三人の中でいちばん若い、二十代くらいの男性です。

私は返事の代わりに、若い彼のペニスを咥えました。

下にした男性のペニスをあの部分に収めながら、口ではまた別のペニスをしゃぶっている自分に興奮した私は、一気に快感を溢れさせます。

ふたたび腰を上下に振りはじめると、下の彼も限界が近くなったのでしょう。私の腰をつかむと猛然と腰を突き上げてきたのです。

絶頂の波に襲われた私は、口元のペニスを離すと、髪を振り乱して絶叫しました。

「あああ、もうだめーっ!」

「くうっ、ぼくもです!」

下の彼が慌てて腰を引いてペニスを抜くと、ペニスは勢いよく精液を放ちながら、ばちんと彼のお腹を打ちました。

私の頭の中は真っ白で、もう何も考えられません。ただ、汗と男性の青臭い精液が混ざった匂い、そしてその放たれたものをぬぐうテッシュの感触だけを、私は感じていました。

しかし、それもつかの間のことでした。

ぐったりとあおむけになり目を閉じて余韻を味わっていた私に、また肌が重ねられたと思うと、あの部分にぬるりと別のペニスが挿入されたのです。

「え？」

「次は俺の番ですよね？」

さっきまでフェラチオをしていた、若いペニスの持ち主でした。

最初の行為で十分すぎるほどに潤《うるお》っていた私のあの部分は、抵抗することなく彼の侵入を許しました。もちろん、私のほうも拒《こば》む気持ちなどありません。

最初の彼とはまた違う、頭でっかちな若いペニスは、激しく私の中で動き回ります。

「あーっ、すごい！」

「お姉さんこそすごいです。中が狭くて熱くて、こんなに気持ちいいのは初めてですよ」

ささやきながらも彼は、動きを止めませんでした。

さっきよりも大きく響くペニスの抜き差し音が、私を乱れさせます。

「あっ、あっ、おかしくなっちゃう！」

再び急激に高まっていく快感に私はそう口走りながら、頭の片隅でふと考えていました。

（そうよ、きっと私はおかしくなりたかったんだわ。そのために、河野さんの誘いに応じたのよ）

けれど、そんなことを考える余裕など、すぐに消えてしまいます。ますます激しさを増したペニスの動きが、頭の中を真っ白にしていきました。もはや私の口からは、快感を訴える言葉しか出ません。

「いい、もっと動いて！」

「すみません、お姉さん、もうイッちゃいそうです！」

「イッて！　中でイッて！」

そして、私の中で若いペニスが硬度を増したかと思うと、ビクンビクンと引きつるように動き、熱いものが噴出する感触が広がります。

同時に私は自分でも意識しない叫びを上げて、またガクガクと大きく体を痙攣させたのでした。

結局、朝まで私はセックスに溺れました。

女性に相手を選択する権利があると河野さんには聞かされましたが、私は求めてくる相手を拒否はしませんでした。

何人と交わったのか、後半のころにはわからなくなったほどですし、同じ相手と何度か交わりもしました。明け方には、一度に三人の男性を相手にしたことも覚えています。

帰り際に、また温泉にいっしょにつかったとき、河野さんから、あのときの声の大きさをからかわれました。

「でも、私の目に狂いはなかったようね。やっぱり広中さんって、ふつうに主婦してるだけじゃもったいないわよ」

「そうかもしれませんね。誘ってもらって、よかったと思ってます」

「また声かけるから、そのときはよろしくね」

そう言って笑う河野さんも、満足したようです。

私にとって衝撃的といえばこれほど衝撃的な経験はありませんでしたが、新しい、そして本当の自分を見つけたような気分です。

セクハラという伝染病に侵された私は豊満な熟女をどんどん追いつめ……

北原啓二　会社員　三十六歳

小さな健康グッズ販売会社で総務職をしている、三十代半ばになる独身男性です。

子どものころからまじめな性格を自負してきたのですが、その自覚もこの半年の間ですっかり消え失せてしまいました。

本当の私は陰湿で欲望に流されやすく、自制の利かない卑劣な男なのだと、いまは認めざるをえません。

なぜ私が自分についての認識を改めることになったのか、その顚末《てんまつ》について、この場をお借りして懺悔録《ざんげろく》というかたちで告白させていただきたいと思います。

私の職場は、六十代の社長のほかはほとんどが営業マンで、朝の朝礼が終わるとワンフロアの社内には社長と私、そしてパートの宮崎《みやざき》さんしかいなくなります。

彼女は中学生の息子さんがいる四十八歳の女性で、二年前から主に社長のための雑用をしており、おっとりとした性格をしています。

ただ、少しお人よしすぎるというか、いわゆる天然キャラなところがあり、細かい性格の私はあきれさせられることがたびたびありました。

仕事上の小さなミスばかりでなく、女性としてどうなのかと思うようなことも多いのです。

いくつかの例を挙げると、ふくよかな体つきなのに、サイズの小さいピチピチの事務服を着ていたり、しゃがんだときに下着が見えていても気づいていなかったり、はたまた事務服の上着を脱いだとき、白いブラウスから透けるブラジャーが派手な色だったり、胸のボタンがはずれていて胸元が見えているのに平気でいたりと、数えあげたらきりがありません。

もし宮崎さんがセクシーな女性なら、わざとやっていると疑うところですが、彼女の場合はほんとうに無頓着なだけなのだろうと思っていました。

それというのも、彼女は女性としての自覚が低いせいで、社長からあからさまなセクハラを受けつづけていたからです。

通りすがりにヒップをなでられるのは日常茶飯事で、ろくにいやがりません。

のぞいているショーツをじっと見られていても、視線そのものに気づかないし、ときには「肩もみしてやるよ」と背後から胸の谷間をのぞきこまれても、まったく意に介する様子がないのです。

当初、私は宮崎さんの天然ぶりにつけこみ、卑劣なまねをしている社長を許せませんでした。

それはセクハラ行為への嫌悪感であると思っていたのですが、いまではただうらやましかっただけだと自覚しています。

私自身も宮崎さんの下着を盗み見していましたし、たまに彼女のほうからボディタッチをしてくれれば、匂いや感触にドキドキしていたのですから……。

おそらく、社長を除くと、社内で彼女のことをそんな目で見ていたのは私だけだったと思います。

営業マンたちは単純に宮崎さんと接する時間が短かったせいもありますが、ふつうのおばさんとしか見ておらず、はなから興味がなさそうでした。

しかし私は、彼女がセクハラを受けているかどうかにかかわらず、最初からムチムチした豊満な肉体をいやらしい目で見てしまっていたのだと思います。

そんなムッツリスケベな本性が露《あらわ》になったのは、私の手が宮崎さんのお尻に当たってしまったことがきっかけでした。

そのときの宮崎さんは、「もう、北原《きたはら》君はまじめな人だと思ってたのに」と言いながら、「ふふふ」と笑ってしなを作ったのです。

私は驚くなかで、自分もセクハラしていいんだ。大丈夫なんだとまちがった認識をしてしまい、ゾクゾクするような昂奮を覚える自分をどうすることもできませんでした。

手が当たったのはほんとうに偶然だったのですが、それ以来、私は無意識のうちに宮崎さんのお尻をさわる機会をうかがうようになりました。

いいえ、無意識だったのは最初だけで、気がつくと頭のなかにあるのはもっとさわりたい、もっと大胆なことを試してみたいという欲望ばかりになっていたと思います。

そしてわざとお尻をなでることに成功し、それが再び許されると、私はすっかりタガのはずれたセクハラ人間になってしまったのです。

さすがに社長の前ではできませんでしたが、二人きりになったときは、ほぼ確実になんらかのボディタッチを仕かけました。

最初はさりげなく、しかし肉体の柔らかさを知るうちにもっとという気持ちになり、どんどんエスカレートしていきました。

お尻へのタッチだけでは飽き足らず、背後からのハグ、さらには股間のふくらみを押しつけたり、卑猥な言葉を投げかけて反応を見たり、さらにはバストをモミモミしたりと、もうやりたい放題でした。

社長もしていることだからと心のなかで言いわけしていましたが、鳥肌が立つほどの昂奮を抑えられず、気がついたときには社長がしているセクハラの域をとうに超えてしまっていたんです。

私がここまで至ってしまったのは、宮崎さんから拒否らしい拒否がなかったからでもありました。

ここまでしても許される、ここまでしても……という積み重ねの果て、私はとうとう、自分のなかで設定していた最後のラインすらも超えてしまいました。

給湯室でハグをしてたまらなくなった私は、初めて宮崎さんのスカートの中に手を入れてしまったのです。

その日は社長も営業マンもみんな出ていて、彼女と二人きりのときでした。

「あらあら、何してるの。だめよ」

「いいじゃないですか」

宮崎さんはいつもどおり、子どものおいたを咎《とが》めるような素振りで、けっして強い拒絶はしませんでした。

「だめだったら……」

「すいません。なんか、昂奮してきちゃって」

手を押さえこまれたときはだめかと思ったのですが、指が下着越しの性器に触れ、湿り気を確認したとたん、理性が彼方に吹き飛んでしまったんです。

「北原くん、もうやめて……そろそろ誰か帰ってくるし」

「大丈夫ですよ」

「あ……ん」

宮崎さんはさすがに拒否したのですが、すぐさま唇を奪って舌を入れ、ショーツの上からスリットを指でなで上げました。

「う、ふっ」

甘い吐息が鼻から抜けた瞬間、股布の湿り気がどんどん広がっていき、もっと淫らな行為がしたいという欲望が体の奥底から込み上げました。

「は、ふっ、んふぅ」

驚いたことに、愛液のシミは布地からしみ出すほどで、ねばっこい液体が指先に絡みつきました。

私は大胆にも、ショーツをヒップのほうからまくりおろし、性器を剝き出しにしてしまったんです。

「あ、だめ」

宮崎さんは唇を離し、さすがに拒絶の姿勢を見せたのですが、あそこはもうぐしょ濡れの状態で、目元は早くも紅潮していました。

「だ、だって、こんなになってるじゃないですか」

「だめだったら……あんっ」

性器をじかにさわると、ぬちゃっという音に続き、熟女の顔が恍惚《こうこつ》にゆがみました。

「ほら、宮崎さんだって、気持ちいいんでしょ?」

「あ、あん、あぁん」

肉びらはすっかり厚みを増し、愛液はとどまることを知らずに溢れこぼれました。内股のほうまで滴《したた》り、いくら人妻とはいえ、こんなに濡れるのかとびっくりしたほどです。

とくに硬くしこった肉の突端をこねくり回すと、反応がより激しくなり、宮崎さんは腰をくねらせて甘いよがり声をあげました。

「ん、ん、んはぁあっ」

「宮崎さん、すごいです。俺のほうも、チ○ポがビンビンですよ」

腰にペニスを押しつけたとたん、柔らかい指が男の証《あかし》を握りこみ、全身の血が一瞬にして逆流しました。

「おふっ」

すぐに下腹に力を込めてこらえましたが、そうでなければ、あの時点で放出してしまったかもしれません。

性衝動の命ずるまま、私は右手の中指と薬指を秘裂にあてがい、膣内に差し入れました。

「……あっ」

宮崎さんの動きが止まり、驚きの眼差しが下腹部に向けられた直後、指は奥に向かって突き進み、とろとろの媚肉が上下左右からやんわり締めつけてきました。

遠慮なく膣肉をかき分け、子宮口まで到達したところで、私は軽やかなスライドを開始したんです。

「い、ひっ」

抵抗感やひりつきはそれほどなく、熱い粘膜はうねりくねって指先に絡みつきました。

「だめ……だめ」

熟女はか細い声を延々と放っていましたが、ペニスを握る手に力が入り、ズボン越しにシュッシュッとしごきたててきたのですから、大きな快感はまちがいなく受けていたのだと思います。

スカートの下からぐちゅぐちゅと濁音混じりの音が鳴り響き、愛液は私の手首まで滴っていました。

血走った目で様子を探ると、白濁がかった粘液は膝の内側まで垂れており、膣の中をかき回すたびにヒップの震えも大きくなっていきました。

「宮崎さん、すごい溢れてますよ。そんなに気持ちいいんですか？」

「ああ、いやっ……くふぅ」

膣の上側にある梅干し大のしこりをなで回した瞬間、宮崎さんはあごを突き上げ、ヒップを前後に揺すりました。

絶頂間近だと推察した私は、指をスライドさせながら親指でクリトリスを押しつぶしてやったんです。

「ひっ！」

熟女は口をギュッと引き結び、腰を前後にわななかせました。そして膝から崩れ落ち、床に両手をついて、はあはあと荒い息をこぼしたんです。

エクスタシーに達したと判断した私は、ズボンのチャックをおろし、中からいきり勃《た》つペニスを引っぱり出しました。

自分がとんでもないことをしているという認識はあったのですが、もはや理性など少しも働かず、全神経が肉欲だけに向けられていました。

「わ、私のも……気持ちよくさせてください」

「……あぁ」

うつろな眼差しが向けられるや、私は腰を突き出し、勃起したペニスを口元に押しつけました。

私は宮崎さんの頭をつかみ、口の中にねじこんで、ペニスを出し入れしたんです。

「う、ぷっ、ぷぷぷっ」

肉胴にまとわりつく大量の唾液、生温かい唇と口内粘膜のなんと気持ちよかったことか。スライドのたびにふっくらした唇がめくれ上がり、舌が絡みついてくると、射精欲求は瞬《また》く間に頂点に達しました。

「ああ、すぐにイッちゃいますよ」

「ん、ふっ、ふぅっ」

脳の芯がしびれ、あと少しで射精というところまで迎えた瞬間、駐車場に車が入ってくる音が聞こえ、不本意ながらも中断するしかありませんでした。

あわてて宮崎さんを立たせ、互いに衣服の乱れをととのえて事なきを得たのですが、私はもう行きつくところまで行かなければ気がすまない状態になっていました。

「し、仕事が終わったら、会ってくれませんか？」

「……え？　でも、家に帰って夕飯を作らないと」

「急な残業が入ったって言えば、いいでしょ？　ほんの一時間ぐらいですから」

いまにして思えば、駄々をこねている子どもと同じですよね。それでも、熟女が拒否するだろうという思いは微塵《みじん》もありませんでした。

中途半端に終わってしまったのは彼女も同様で、あれだけ愛液を垂らしていたのですから、逞しい逸物で疼く女体を満足させてほしいに違いないと信じて疑わなかったんです。

「お願いしますよ」

切羽詰まった表情で迫ると、彼女は頬を染めたまま小さくうなずきました。

「五時半にK銀行の前で、待っててください。車で迎えにいきますから」

給湯室から離れて仕事に戻ったのですが、頭のなかは淫らな妄想が駆け巡り、ペニスはずっと勃ちっぱなしでした。

そして業務が終了すると、時間差で会社をあとにし、私は通勤に使用している自家用車で待ち合わせ場所に向かったんです。

彼女は、いま何を思うのか。ひょっとして来ないのではないかと、車内ではそんなことばかり考えていたのですが、心配は杞憂《きゆう》に終わりました。

宮崎さんはややうつむき加減で待ち受けており、熟女もその気なのだと、再び性欲のスイッチが入りました。

私は彼女をピックアップし、そのままラブホテルの門をくぐり抜けたんです。

密室内なら、何をしたところで誰の目も気にすることはありません。

さっそく上着を脱ぎ捨て、ネクタイをほどき、背後から抱きついて胸をもみしだくと、宮崎さんはシャワーを浴びさせてほしいと言いました。

指の刺激を受けたことで、愛液はダダ洩れの状態だったのですから、女性にしてみれば当然の心境だったのでしょうが、私のほうは逸《はや》る気持ちを抑えられず、いてもたってもいられない状況でした。

「お願い、汗を流したいの」

「ウェットティッシュかなんかで、きれいにしてきたんでしょ？　我慢できないですよ。ほら、チ○ポだってこんなになっちゃってるんですから」

欲望の証をヒップに押しつけると、甘美な感触が中心部から広がり、あまりの昂奮で鼻の穴が開きました。

「お願い、もう少しだけ待って」

「だめです！」

勢いに乗ってスカートをたくし上げたとたん、脳みそが爆発するような昂奮に襲われました。

なんと、宮崎さんは下着を着けておらず、ノーパンだったんです。

「ほ、ほら！　あなただって、もう我慢できないんでしょ！」

「ち、違うわ。下着が……汚れちゃったから」

「汚れたというか、びちゃびちゃに濡れたんですよね。いやらしい愛液を、たくさん垂れ流したから」

「そ、そんなこと……」

恥じらう熟女を観察していたら、ものすごくかわいく見えてきて、ペニスはズボンの中でいななくばかりでした。

「さ、さっきの続きをしてください」

「……え？」

ホテルの一室なら、ためらう必要は何もありません。

ズボンをトランクスごと脱ぎ捨て、勃起したペニスを剝き出しにさせると、宮崎さんの目が股間の一点に向けられました。

「見てください。青筋がこんなに浮き立ってますよ」

「あぁ……いや」

胴体を握りこんでしごくと、熟女は目をとろんとさせ、唇のすき間で舌を物欲しげにすべらせました。

「さあ、早く」

私は肩を押さえつけて腰を無理やり落とさせ、給湯室のときと同じく、ペニスを唇に押しつけました。

「ん、ぷふぅ」

「そ、そう、深く咥えて」

豊満な女性は口の中も肉厚で、柔らかい舌や口内粘膜がペニスをやんわり包みこんでくるんです。

ペニスを咥えこむ顔が視覚を、くちゅくちゅという音が聴覚を刺激し、射精願望はみるみるピークに達しました。

もちろん口内射精するつもりはさらさらなく、フェラチオを中断させると、手首をつかんでベッドに引っぱっていきました。

そして押し倒しざま、ブラウスやスカートを脱がせ、ブラジャーを剝ぎ取って乳房を露にさせたんです。

「おおっ」

「いやぁ」

宮崎さんはまたもや拒絶の言葉を放ったものの、どこか甘い響きを含んでおり、頰が桜色に染まっていました。

「よく見せてください」

「……だめっ」

両足を目いっぱい広げさせ、熱い眼差しを女の園に浴びせると、そこはすでに大量の愛液でうるおい、きらきらした輝きを放っていました。

「なんですか、これ？　もう溢れ返ってるじゃないですか」

「やっ、やっ」

いやよいやよと言いながらも、あそこは隠そうとしないのですから、彼女もこの瞬間を待ちわびていたとしか思えません。

私はシャツを脱ぎ捨て、柑橘系と潮の香りがただよう女芯にためらうことなくかぶりつきました。

「あ、ひっ」

クリトリスを中心に、たっぷりの唾液をまとわせた舌で刺激をあたえていると、腰がくねりだし、甘い声音が耳に届きました。

「あ、んっ、やっ、ふっ、ん、はぁぁ」

いかにも重たげな乳房をもみしだき、延々とクンニリングスを続けるなか、愛液は無尽蔵に溢れ出し、口の周囲があっという間にベトベトになりました。

ペニスは下腹に張りついたまま、萎《な》える気配を少しも見せません。

とろとろの赤い粘膜がひくつくころ、宮崎さんは女とは思えない力で私を引っぱり上げ、握りこんだペニスを膣の入り口にあてがいました。

「入れて……もう入れて」

こちらも一刻を争う状態で、拒否する理由は一つもありませんでした。

「む、むむっ」

「は、あぁぁっ」

熟れた媚肉はうねりながらペニスを手繰り寄せ、しっぽり濡れた感触が多大な快感を吹きこみました。

ペニスは何の抵抗もなく膣内に埋めこまれ、厚みのある柔肉で亀頭から根元までまんべんなくもみこんできたんです。

「ああ、いい、いいわぁ」

宮崎さんはしょっぱなからヒップを振りたて、両足で踏ん張りながら恥骨を下からガンガン打ち当ててきました。

「おっ、おっ」

これほど積極的な女性は初めてのことで、スライドのたびに結合部から卑猥な音が洩れ聞こえ、じゅくじゅくの媚粘膜がいまにも飛び出さんばかりに盛り上がりました。

情けないことに腰がまったく使えないまま、宮崎さんは激しいピストンでペニスをもみくちゃにしたんです。

「はあぁ、もっと、もっとよ」

「あっ、ちょっ……」

「ああ、いやっ、イクっ、イッちゃう！」

私のほうでも、よほどの快感にまみれていたのだと思います。

必死の形相で自制しても、快楽の稲妻が何度も脳天を貫き、とてもこらえることができませんでした。

「イクっ！　イックぅぅぅっ‼」

「ぬ、おおっ」

こうして私は五分も保たずに射精の瞬間を迎え、腹部の上に射精することだけで精いっぱいという不甲斐なさでした。

気分が落ち着いたあとはシャワーを浴びたのですが、アラフィフの熟女はとても貪欲で、ベッドに横たわるや、すぐさまペニスにむさぼりついてきました。

一時間のつもりが二時間と、結局は時間いっぱいまで求められ、最後は青息吐息の状態でした。

先に私は宮崎さんのことを天然キャラと書きましたし、以前は確かにそう思っていたのですが、もしかしたらすべては彼女の巧妙な演技で、単純でスケべな男たちの反応を楽しんでいたのかもしれません。

不思議なもので、一度最後まで行ってしまうと、宮崎さんに対する熱い欲情はすっかり失せてしまいました。

つい最近、宮崎さんは社長とも男女の関係になってしまったらしいです。

あちらは当面の間は熱いままのようですので、私のほうはこれを機に自分という人間の浅ましさを深く反省し、以後は同じまちがいを起こさないようにしたいと思っています。

最後に、私が言うことではないですが、セクハラというものは連鎖しがちなリスクがありますので、どんな些細なことでも絶対にあってはならないと記して、懺悔の言葉と代えさせていただきます。

〈第三章〉

複数の肉棒を同時に味わう絶頂体験

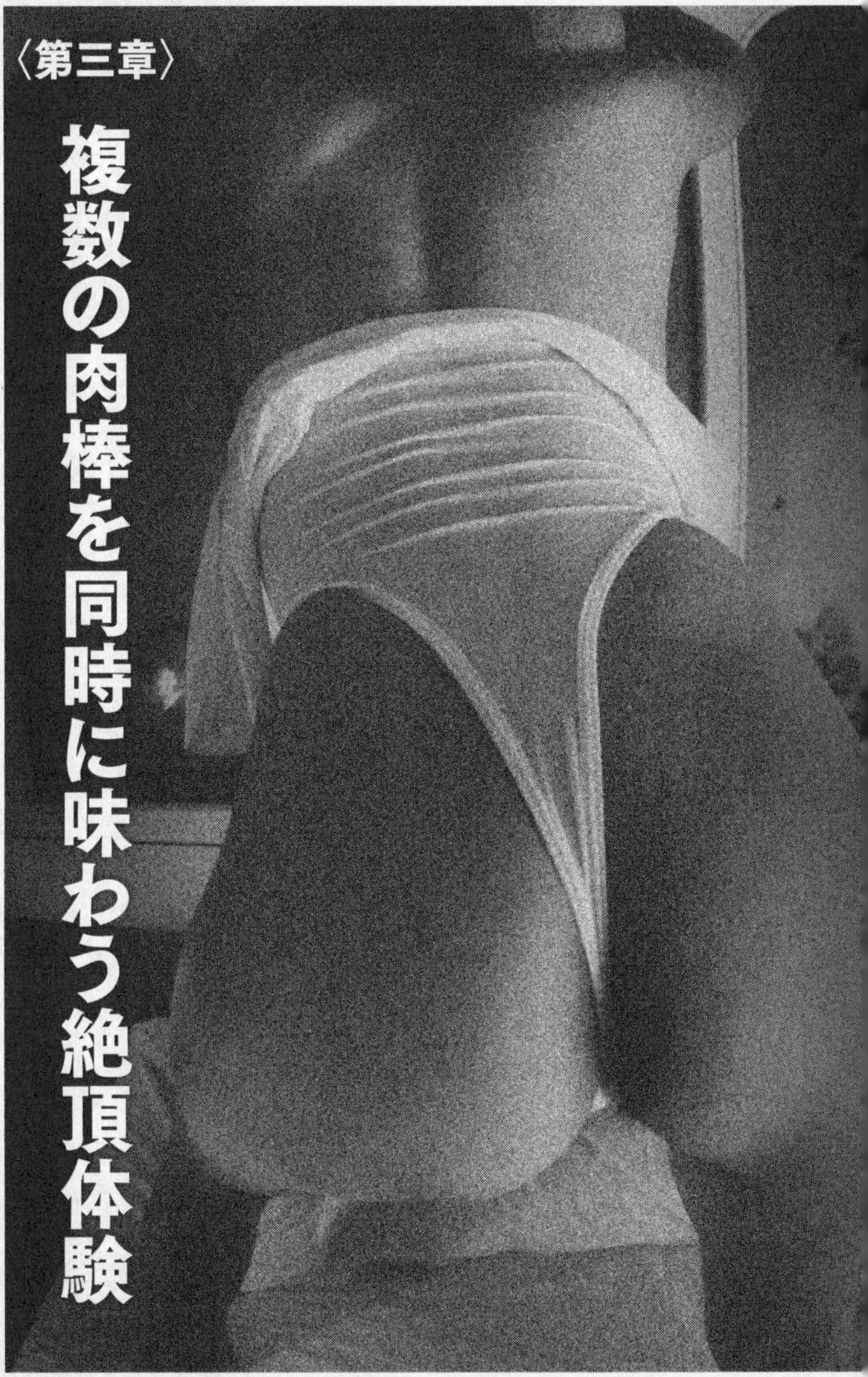

不倫相手に誘われたハプニングバーで複数のペニスを味わいつくす淫乱妻

橋本美奈代　専業主婦　四十歳

セックスには常に刺激が必要なようです。つきあっていたころには週に一度のデートのたびにセックスしていた夫とも、結婚してすぐにセックスレスになりました。

それでも子どもを作るために月に一度はしていましたが、子どもが生まれてしまうと、まったくしなくなりました。

子育ても一段落がつくころにまじめに話し合った結果、夫はどうしても私とセックスする気になれないとのことでした。

私としても、何がなんでも夫としたいわけではありません。夫とのセックスに刺激を感じないのは私にしても同じことだったからです。

そこで、お互いセックスは夫婦間以外でしようということになりました。非常識だと思われそうですが、このままうるおいのないカラカラに乾いた人生を送る気にはなれませんでした。

夫の事情はよく知りませんが、せいぜい風俗通いで、特定の恋人ができたりはしていないようです。そもそも容姿に恵まれているわけでもなく、機知に富むわけでも、お金を持っているわけでもない夫ですから、恋人を作るのは難しいと思います。

その点、私が不倫の彼氏を作るのはそう難しいことではありませんでした。

いつも宅配便を届けてくれる配達員の男の子で、私よりも十歳も若いのですが、年齢に関係なく、女から関係を持ちかけられて断る男はそんなに多くはないのでしょう。

彼氏とのセックスは刺激的でした。若いこともあって、頻度も回数も満足のいくものでした。でもそれもやはり最初の半年くらいで、だんだんとお互いの熱意が冷めていくのを感じてしまいました。

やはり男と女は新鮮さや物珍しさがなくなるとすぐに飽きてしまうものなのでしょうか。そんなことを考えている矢先でしたから、彼氏からハプニングバーに誘われたとき、私は断れませんでした。

話に聞いたことはあっても実際にハプニングバーに来るのは初めてでしたから、内心では興味津々でした。

まず入り口で身分証を提示させられ、入会費を払いました。それとは別に入場料が必要でしたが、女性は無料で、男性だけだと高く、カップルで来たほうが半額以下の安い値段設定になっていました。

聞けば、わざわざ出会い系サイトでハプニングバーにいっしょに行ってくれる女性を見つけて連れてくる男性も多いようです。女性の入会費を払ってもまだ安いのですから、それもわからなくはありません。

出会い系でも、ただの「セックスフレンド募集」よりも、「ハプニングバー同伴者募集」と書いたほうが女性を釣りやすいのだとか。

女性たちはただのパートナーよりも、より強い刺激を求めているのでしょう。ハプニングバーに興味津々なのは私に限ったことではないようで、少し安心しました。

まず案内されたフロアはふつうのおしゃれなバーといった雰囲気です。

七対三くらいの割り合いで男性客のほうが多いようでした。男性だけで来ている人たちは手持ち無沙汰に雑談していたり、女装している男性も何人かいました。

あと、驚いたのは、下半身を露出している男性客がいたことです。カウンターのイスをフロアに向けて、立派なペニスを自分で弄んでいました。さすがに心得たもので、スタッフも客も誰も騒いだり注目したりはせず、ふつうのこととしてスルーしていて、ああ、これがハプニングバーなんだなと妙に感心したものでした。

カップルはお互い離れないように言われていました。トイレに行くのもいっしょについていくようにとのことでした。そして、男性客が単独の女性客やカップルの女性客に声をかけるのは禁止されていました。警察の指導もあったのか、トラブル回避というか、女性を守るための規則がいろいろとあるようです。

男性客は自分から声をかけることができずに、声をかけてもらうのをひたすら待ちつづけるしかないようで、一群の男性客が手持ち無沙汰なのもうなずけます。男性店員数人以外に、水着にエプロンというスタイルの女性店員が店内を歩き回っていて、規則違反がないかどうかを常にチェックしています。規則違反が見つかれば会員除名で出入り禁止になってしまいますから、男性客たちもおとなしくするしかありません。

その点、カップル客がほかのカップルに声をかけるのはオッケーでした。遊ぶ気満々の男性客がわざわざ同伴客を見つけてにわか仕立てのカップルで来るのにはそういう理由もあるのでしょう。

何組かいるカップル客を品定めして、彼氏が声をかけました。中年の男女で、夫婦かと思いましたがそうではなく、同窓会で再会した元彼氏彼女だということでした。

近くにいたもうひと組のカップルも合流して会話に加わりました。こちらは二十代の若いカップルで、出会い系サイトで知り合ったばかり、というか、前に言ったハプニングバーに来るための即席カップルでした。

私の彼氏は中年女性と、中年男性は二十代の女性と、私は二十代の男性とカップル交換していちゃつきはじめました。キスをしたり軽く抱き合ったりです。

ほかの男性客たちは、ちらちらとこちらをうらやましそうに見ていました。

フロアの二階はプレイルームになっているとのことで、私たち六人三カップルは、そちらに移動することになりました。

ラブホテルの一室のような作りの部屋でしたが、壁の全面が鏡です。鏡はマジックミラーになっていて、観覧室からのぞき見できるようになっているのです。

私たちがプレイルームに入ると同時に、男性客たちがこぞって観覧室に移動した様子でした。

「ああ、やだ。みんなが見てるのに……あ、そこ、気持ちいい……」

全部見られている、そう思うと私はすっかり興奮してしまって、ベッドに寝そべって相手の愛撫に身をまかせながら、あられもなく身悶《みもだ》えしてしまいました。

「私もそちらに参加させてもらえませんか?」

二十代女性といちゃついていたはずの中年男性がそう言って、私たちに加わってい
ました。どうやら二十代女性は、ハプニングバーの雰囲気を味わいたかっただけで、
セックスまでは望んでいなかったようです。
これも昨今のハプニングバー事情なのでしょう。過剰に女性の意志を尊重するのが
基本で、女性客がいやがることは誰も無理強いできないようになっているのです。
私としてはもうすっかり体に火がついていたので、いまさらやめる気にはなりませ
んでした。
二人を相手に行為にいたるのは初めてでしたから、そこはさすがにハードルが高か
ったのですが、あれよあれよという間にそういう体勢になっていました。
ベッドの上で左右から抱きつかれ、全身をまさぐられました。
二十代男性のほうが性急で、スカートに手を差し入れてきました。今日会ったばか
りの自分よりも十五歳は若い男の指先が敏感なところをまさぐります。
「ああ、気持ちいい……」
繊細な指先が太ももを這い進み、やがて股間へと到達しました。下着の脇から指が
もぐり込み、女陰に直接触れました。
「ああ！」

私は思わず大声で喘いでしまいました。

実はこのときは、このまま二人を相手にセックスしていいものかどうか、まだ決めかねていました。それはとても不道徳であるように思えたのです。

いまさら道徳を持ち出すのもどうかと思いますが、心のなかの抵抗感はなかなかぬぐえないものでした。

もちろん、プレイルームにもプレイの邪魔をしないようにして女性店員が控えているので、声をかけて男たちを制止させることはできます。その前に、いやだと言葉にするだけで当人たちが自発的にやめてくれるでしょう。

でもそんなふうにして中断してしまえば雰囲気が台なしです。彼氏とも気まずくなるだろうし、二度とハプニングバーに誘ってもらえなくなるかもしれません。それはそれでいやでした。

マジックミラーの向こうにいる男性客たちのことも意識しました。私の痴態を見たがっている男の人たちの期待を裏切るのも本意ではありません。

空気を読みすぎるのは私の悪い癖、他人の期待にこたえすぎて自分の希望を見失うのは愚かなことかもしれません。

考えてみれば、夫婦生活あるいは家庭というものがそもそもそういうものでした。

空気を読んで、夫や子ども、家族の期待にこたえるばかりで自分の希望が後回しになり、そのうちに自分の希望がなんだったかもわからなくなる。そういう倦怠感《けんたいかん》だけの日々がいやで私は彼氏を作ったのだし、ハプニングバーに出向いたのではなかったでしょうか。

そんなようなことをぐるぐる考えているうちに、中年男性が私のシャツを脱がせ、ブラジャーをはずして乳房を露出させました。

やわやわと乳房をもみしだき、乳首に舌を這わせて唾液を塗りたくり、くにくにと指先でつまみます。

スカート奥の下着にもぐり込んだ二十代男性の指は、女陰をまさぐり、クリトリスを刺激し、やがて膣口から膣内へと侵入してきました。

とっくにぐちょぐちょに濡れまくっている私のアソコは、何の抵抗もなくぬるんと一気に奥まで指先を迎え入れていました。

「あふぅうん！」

私はまたしても大声を出して、背筋をのけぞらせて快感に喘いでいました。

もう考えても仕方のないことは考えないで、そのまま快感に身を委《ゆだ》ねることに決めたのです。

ソファで中年女性と抱き合う彼氏に目を向けると、彼氏は勃起したペニスを引っぱり出して、フェラチオさせていました。

割りきったセフレ関係でしたが、やはり馴染みの相手がほかの女にそんなことをさせているのは腹の立つことでした。

（それは私のペニスなのに。勝手なことしないでよ！）

胸の奥がきりきりと痛むような嫉妬《しっと》です。でもその嫉妬が、私の性欲を昂進させました。対抗意識とでもいうのでしょうか。

私は中年男性の股間をまさぐりました。すでに勃起しているのがズボンの上からでもわかりました。

私の意図を察した中年男性はチャックをおろしてペニスを取り出しました。なかなかに立派なアレは、年齢を感じさせない若々しさでギンギンにいきり勃《た》っていました。あるいは前もってバイアグラでも飲んでいたのかもしれません。

私は自分の手のひらに唾をなすって、逆手でペニスをしごきました。中年男性は息を荒げて気持ちよがっているようでした。

ペニスがぴくぴくと痙攣して、硬さが増しました。

「口でしてもらえますか？」

中年男性の言葉に私はうなずき、半身を起こして、ベッドに膝立ちになった彼のペニスを咥えてフェラチオを始めました。

二十代男性のほうは、そのままスカートの中に頭を突っ込むようにしてクンニリングスを始めていました。

誰かの性器を舐めしゃぶりながらほかの誰かに自分の性器を舐められるなんて、当然初めてでしたがセックスナインでお互いの性器を舐め合うのとはまた違った感覚で、新鮮に感じたものです。

「あむぅ、あむあむぅうう……！」

私は腰をびくびくと痙攣させながら、ヨダレをだらだら垂らしてフルートのように横気味に咥えたペニスを愛撫しました。

二十代男性がクンニに加えて、あらためて挿入した指で膣内をかき回します。指先が膣内の特に敏感な箇所に適確に刺激を送り込み、私は激しく身悶えし、ベッドの上で腰を跳ねさせてのたうちました。中年男性のペニスに歯を立ててしまわないように注意しなくてはいけないほどでした。

「あ、イク。イッちゃうぅう！」

私は早くも軽い絶頂に追いやられてしまいました。脱力する私に、中年男性がフェラチオの続きを促し、私は半ば朦朧《もうろう》としながらも、ペニスを愛撫しました。

足元で、二十代男性が衣服を脱いでいる気配がありました。さすがに若々しく締まった体をしていて、薄っすらとですが腹筋も割れているみたいでした。彼は、自分のペニスに支給されたコンドームを装着していました。

コンドームはプレイルームに向かうときに店員から渡されたもので、プレイのときは必ず装着するように厳命されていました。

相変わらずナマでしたがる男性は多いのですが、妊娠のリスクを抱える女性にしてみれば冗談ではありません。もしかすると、性病の蔓延《まんえん》を防ぐという意味もあるのかもしれませんが、昨今のハプニングバーは、そんなところまで女性本位なのだなと感心したものです。

「入れてもいいですか?」

二十代男性は礼儀正しく私に訊き、私は中年男性にフェラチオしながら彼に横目を向けてうなずきました。

いちいちそんなこと訊かないで入れちゃってくれたらいいのにと思いましたが、女性の意志を尊重するという店の方針は客も心得ているようでした。

退店させられたり出入り禁止になるのがよほどいやなのでしょう。

私は腰に残るスカートを脱がされ、腕にぶら下がるブラジャーもすべてとられて全裸になりました。脱がされた衣服は女性店員が受け取ってくれました。

いよいよペニスの挿入でした。二十代男性は私の両脚を大きく広げさせて、股間に亀頭を押しつけて、体重をかけてきました。ずぶずぶと、私のアソコがおち◯ちんを呑み込みます。

「あ、あぁああ！　すごい！　硬いぃい！」

思わず言葉にしてしまうほど、彼のペニスは硬かったのです。鉄の棒を突っ込まれたのではないかと錯覚するほどでした。

個人差もあるのでしょうが、やはり若さってすばらしいと思いました。

二十代男性がピストンを始め、その快感に集中したい気持ちもありましたが、中年男性にフェラチオもしなくてはなりません。口から離れてしまっても中年男性がそれを許さず、私の頬を手で寄せて、口を開けさせてまた突っ込んでくるのです。

けっしてそれがいやというわけではありません。いま、アソコに突っ込まれてるチ◯ポが終わっても、まだこの一本があると思えば、余裕というか、ゆとりというか、まだまだ快楽が続くことが約束されているわけですから、それはそれで歓迎すべきことでした。

「ああ、すごい。すごい。気持ちいい！」

二十代男性の力強いピストンが私の膣内を激しくこすりたて、私は大声で喘ぎつづけました。

私の乱れっぷりに、私の彼氏と中年女性は行為を中断して、見物していました。二十代男性の連れの二十代女性もいっしょになって、三人でドリンクを飲みながら私たちの三人プレイを眺め、あれこれ感想を言い合っているようでした。

「あああ、恥ずかしい……」

私は急に恥ずかしくなってしまいました。それはそうです。自分の彼氏にほかの男とのセックスを見られることだけでもありえないくらい異常な状況なのに、セックス相手の二人の連れの女性までが彼氏といっしょになって見ているなんて。しかも感想を言い合っているなんて。

はしたない中年女だと悪口を言われているわけではなくても、羞恥心は抑えようもありませんでした。

そう言えば、マジックミラーの向こうでは十人以上の男性客たちも見学しているはずなのでした。彼らにもなんと思われているか、気にしだせばどこまでも気になってしまいます。

「気にしないで。こういう店では本能を開放した者の勝ちですから。せいぜいうらやましがらせてやればいいんです」

私にフェラチオさせながら中年男性が言い、私は妙に納得しました。

確かにそういうものなのかもしれません。そもそもセックスを楽しみたくてハプニングバーに来ているのに、見ているだけなんて。

マジックミラーの向こうの男性客たちは相手がいないのだから仕方ないのでしょうが、プライドや常識が捨てられなくて、お行儀よく見学を決め込む二人の女性については、軽蔑というか同情してしかるべきなのかもしれません。

私は吹っ切れた気がして、行為に集中しました。

ちょうどそのとき、二十代男性が私の身を起こさせて、あおむけに寝転びました。騎乗位の体勢で、これは実は私がいちばん好きな体位なのでした。

「ああ、深い。それに、感じるところがこすれて、すごく、イイのぉう!」

私は二十代男性の割れた腹筋に両手をついて、腰を浮かせて尻を振りたてました。

見学者たちからは私のマ○コが極太のチ○ポを咥え込む様も、開けっぴろげの肛門も、全部観察できたことでしょう。

私は彼らの視線を感じながら、夢中でヨガりつづけました。

フェラチオにこだわる中年男性が、ベッドに立ち上がって、私の顔前にペニスを突き出します。私は迷わずに大口を開けて迎え入れ、舌を絡ませ、ヨダレを垂らして舐めしゃぶりました。

「あ、俺、もうイキそうです。いいですか？」

二十代男性がそう言って、下から突き上げてきました。

「いいよ。いつでもイッて。私もイキそう……！」

私はそう言って、負けじと腰をくねらせました。

絶頂は私のほうが少し早かったみたいです。さすがにフェラチオを続けられなくなった私は、ぷっと亀頭を吐き出して、そのまま昇天しました。

脱力してうつ伏せに倒れ込む私の背後から、今度は中年男性がのしかかるようにしてコンドームを装着したペニスを挿入してきました。

「ああ、イイ。これも気持ちいい……！」

中年男性は私を四つん這いにさせて、尻をつかんで腰を叩きつけました。

ものすごい快感が私の体を包みました。中年男のピストンは、中身を引きずり出されてしまうくらいの衝撃でが私を圧倒しました。

二十代男性の騎乗位セックスもとてもよかったのですが、それ以上の快感がありました。セックスは年齢や筋肉だけではない何かがあるようでした。

ペニスの大きさや硬さ、角度といったものも重要ですが、それだけではないプラスアルファが確かにあるのだと思います。もしかしたら、この調子であと何人かヤリ比べたら、何かわかるのかもしれない。そんなことを考えてしまいました。

私の脳内を見透かしたかのように、中年男は後背位で繋がったまま、私をベッドから降りるように促しました。立ちバックの状態で、私の彼氏とほか二人の女がいるソファに移動しました。

「彼氏のを舐めてあげたらどうですか？」

彼氏のペニスは中年女性にフェラチオされていましたが、そのまま絶頂に達することなく、半勃起の状態でそこにありました。私は、中年女性を押しのけるようにして彼氏の下半身に取りついて、半勃起ペニスを口に含んでフェラチオを始めました。

「美奈代《みまよ》さんが淫乱なのは知っていたけど、そこまでとは思わなかったよ」

半ばあきれたように、感心したように、彼氏は言いました。私は聞き流してそのまま彼のペニスを舐めしゃぶりました。

中年男性はそんな私に欲情を募《つの》らせたみたいで、後背位で突っ込まれたペニスがまた硬さを増したように感じられました。どうやら彼は、セックス最中の女にフェラチオさせるのと同じくらい、自分がセックスしている最中の女がほかの男にフェラチオするのが好みなのでしょう。

一対一で向き合うより、複数で蹂躙《じゅうりん》するプレイが好きなのです。それが男の傲慢《ごうまん》さや暴力性のせいなのか、一対一で相手と向き合えない自信のなさのせいなのか、どちらかは判断のつきかねるところですが。

しゃぶり慣れた彼氏のペニスでしたが、いまひとつ硬くならないようでした。

「どうしたの？　気持ちよくない？　その気にならないの？」

私は上目に彼氏を見上げながら尋ねました。

彼氏は「体調が」とか「気分が」とか「酒が」とか、ぶつぶつと意味のないことを口ごもっていましたが、どうやら私の激しいセックスを目の当たりにして、萎《な》えてしまったようなのです。

男の人には二種類あるのでしょう。自分の女がほかの男とセックスする姿を見て嫉妬で興奮し、対抗心から精力を増すタイプと、いまの彼氏のように、自信をなくして萎えてしまうタイプです。

だったらハプニングバーなんかに私を誘わなければよかったのにと思わないではありませんが、いざその場に来てみないとわからないこともあるのでしょう。彼氏を責めてもしかたありません。

私は女性店員を呼んで、マジックミラーの向こうの観覧室から、何人か男性客を連れてきてくれるように頼みました。男性客が女性客に声をかけるのは禁止行為ですが、その逆は禁止ではなく、むしろ奨励されていました。

「どのような男性がタイプですか？」と訊かれましたが、私は「タイプはどうでもいいから、ここで私とセックスできる人」みたいな答え方をしました。

マジックミラーの向こうから、女性店員に連れられて三人の男性客がやってきました。三十代前半のサラリーマン風と、四十代半ばの水商売風、五十代くらいの労務者風の三人でした。

みんな背が高くてがっしりした体格ばかりで、おそらく女性店員の好みなのだろうなと思いました。私としては、いわゆるハゲデブチビでもぜんぜん気にしないのですが、そこはお任せでつれてきてもらったのですから、文句は言えません。

中年男性とのセックスのあとで、私は、その三人と同時にセックスしました。

三十代のサラリーマンは、こんな店に来るような人とは思えないまじめそうな人でしたが、いちばんがっついていて、性欲を持て余しているようでした。ペニスは平均的な硬さ、大きさでしたが、根元が太くて挿入したときに充実感がありました。

四十代水商売は女体の扱いに慣れているように見えましたが、そうでもなく、指使いも乱雑でしたが、そのギャップがそそりました。ペニスは小ぶりで、挿入感はもう一つでしたが、持続力があり、長く楽しめました。

ギャップと言えば、五十代労務者がいちばんで、無骨な印象に似合わず繊細なソフトタッチで、私の性感帯を探り当てて陶然とさせてくれました。ペニスの勃起力は年齢なりに控えめなものでしたが、射精の寸前にぐっと膨張する感覚が味わえて、これはこれで悪くないと思わせてくれました。

気がつくと、私が行為に夢中になっている間に彼氏は帰ってしまったようでした。私は男女兼用の更衣室に設置されたシャワーで体を洗って、預かってもらっていた衣服を着て、一人で帰宅しました。

帰りの電車内でも、家に帰ってからあらためて入浴したときも寝るときまで、ずっと体がほてっていて、下半身に充実感がありました。これほどの幸福感は子どもを出産したとき以来ではないかと思われました。

彼氏とはそれきりになりました。しばらくしてから、ＳＮＳのメッセージを受け取りましたが、既読スルーしました。それで終わりでした。

ハプニングバーでのめくるめくような体験は、刺激的どころか衝撃的でした。あれほどにすばらしいセックス体験ができるなら、遅かれ早かれお互いに飽きてしまう彼氏とセフレ関係を続ける必要がどこにあるでしょうか。

そのようにして、私は気楽な独り身に戻り、月に一度か二度、出会い系サイトで同伴者を見つけては、ハプニングバーに通うようになりました。

セックスレスとは言いながらも夫との夫婦生活は続けているので、「気楽な独り身」と表現するのはおかしな話ですが、実感としてはほんとうにそういう感じなのです。

家族とセックスは別というのは、浮気な男性がよく口にする言い草ですが、意外と一理あるのかもと思えたりもします。

誰かの期待にこたえるのではなく自分の希望をかなえる。やはり人生はこうでなくてはと思ったりもしています。

ただ最近は、これはこれでむなしいというか、刺激よりも深い愛情のあるセックスにあこがれたりもしています。それとも私は、衆人環視の中での複数相手とのセックスにも飽きて、さらなる刺激を求めているだけなのでしょうか?

渋滞にハマり車内で放尿した女上司が口止めのために熟れた肉体を晒し……

外山啓治　会社員　三十一歳

私はずっと、自分がノーマルな性癖だと思っていました。ＳＭとか変わったプレイに興味はないし、つきあってきた女性ともふつうのセックスしか経験がありません。

そうではないと知ったきっかけが、つい先日の会社の上司との出張でした。

上司といっても男ではありません。私よりも十歳年上の独身女性です。

奈緒子《なおこ》さんは四十一歳と、比較的若くして課長に抜擢《ばってき》されました。仕事ができて発言力があり、しかも目鼻立ちのくっきりした美人でもあります。

身に着けるものも高級ブランドにこだわり、まさに才色兼備のエリートの見本のような女性でした。

ただ性格はかなり気が強く、クセのあるタイプです。仕事で少しでも気に入らないことがあると、相手が男であろうと声を荒げて詰め寄ってきます。

ときには人前でも容赦なく叱責《しっせき》し、私は幾度も苦い経験をしてきました。うんざりするほど叱られても、じっと耐えるしかありません。自分はエリートだと鼻につくところもあり、苦手意識を持つ社員も少なくはありません。

そんなある日、会社から命じられたのが、奈緒子さんと二人きりの出張です。

出張先は隣県のお得意様の企業でした。移動は車、日帰りの強行日程です。

誰でもそうでしょうが、苦手な上司との出張ほど気まずいものはありません。

もちろん運転手は私です。これから数時間も車内で二人きりかと思うと、それだけで重い気分でした。

「そんなトロトロ運転してると間に合わないわよ。もうちょっと飛ばせないの？」

渋滞なのに、さっそく不機嫌な口ぶりで注文が飛んできました。

その日は出張のためいつになく化粧が濃く、色っぽく見えましたが、それさえ気休めにはなりません。

混んでいる道を抜けてどうにか出張先の企業に着き、商談も無事に終わりました。

これで一件落着といきたかったところですが、そうはなりませんでした。帰りはよりいっそうの渋滞が待っていたのです。

どうやらどこかで事故が起きているようでした。救急車の音が聞こえ、渋滞の列がはるか先まで続いています。

私も奈緒子さんも次第に無口になり、なかなか進まない車に私はイライラしていました。

すると、助手席に座っている奈緒子さんの様子がおかしいことに気がつきました。ずっとうつむいたまま表情を曇らせ、顔色も悪そうです。心配になり声をかけてみることにしました。

「どうしたんです。具合がよくないですか?」

「なんでもないから。いいからちゃんと前を見て運転して」

と、相変わらず不機嫌そうに言葉を返されましたが、しばらくすると腰をモジモジさせて落ち着きがなくなりました。

このころになると、私も奈緒子さんがトイレを我慢していることに気づきました。気が強くプライドの高い彼女は、そんなことを私に言えなかったのでしょう。窓の外に目を走らせ、トイレができる場所を探しているようでした。

「ねぇ……おしっこがしたいの」

とうとう我慢ならなくなったのか、搾り出すような声で私に訴えてきました。

「そう言われたって、トイレを借りられる場所なんて近くにありませんよ」

「……お願い。もれそうなの」

「困ったなぁ。外に出て、どこか物陰でパパッとできませんか」

奈緒子さんのこれほど困惑した顔を見るのは初めてです。不謹慎ながら、いい気味だと心のなかで思ってしまいました。

ここで私はあるものを思い出しました。運転している社用車には、非常用の防災グッズとして携帯トイレも入っていたのです。

「ああ、もう。どこでもいいから止めて。我慢できない……」

いよいよ切羽詰まってきたのか、ほんとうにもらしてしまいそうな声色でした。

「そこの助手席の手前に、たしか携帯トイレが入ってましたよ」

ちょうど信号待ちをしているときでした。私がそう言うが早いか、奈緒子さんはあわててボックスを開けて携帯トイレを取り出しました。

片手で持てるサイズの小さな青い袋です。その袋を開くと、おもむろにスカートの奥に手を入れて下着をおろしました。

まさか……そう思いながら横目で見ていると、中腰になった奈緒子さんがその場で放尿を始めたのです。

「こっちを見ないで！」

叫ばれてあわてて視線を逸《そ》らしましたが、音までは隠せません。ジョロジョロという音が助手席から聞こえてきます。

「ああ……」

間に合って安心したのでしょうか。奈緒子さんは放尿をしながら、深くため息をついていました。

思わぬ事態に、私は動揺しつつも激しく興奮をしていました。

いつも怒ってばかりいる美人の上司が、恥もプライドも捨てて車内で放尿をしているのです。おかげで私の股間はムクムクとふくらんできました。

かなり溜め込んでいたらしく、放尿は長いこと時間がかかりました。

その間も私はハンドルを握りつつ、ひそかに隣の様子をうかがいつづけます。ふだんの高圧的な態度は影をひそめ、情けなくうなだれておしっこをしている姿に、ますます気持ちが昂《たかぶ》りました。

ようやく終わると、奈緒子さんは使い終わった簡易トイレを見えないように自分の鞄にしまい込みました。

助手席では無言です。表情はいつもと変わりないものの、顔が赤くなっているのがわかります。やはり相当に恥ずかしかったのでしょう。

一方で私の興奮は収まりません。見つかってはまずいと思うものの、股間が硬くなったままでした。

「やだ、あなた……どうしたのそれ」

とうとう奈緒子さんに勃起した股間を気づかれてしまいました。

私は「いや、これは」と言いわけをしたものの、奈緒子さんは心底軽蔑しきったような顔で私を見ていました。自分がみっともない姿をさらすのを見て、私が勃起していたのが信じられないといった表情です。

車内はなんとも気まずい空気でした。さらに沈黙の時間が続きます。

「まさか、私がおしっこしてるのを見てそうなったわけじゃないわよね」

ようやく口を開いた奈緒子さんが、私にそう聞いてきました。

「はぁ、まぁ……」

私は正直に答えました。下手に隠してもしょうがないと開き直ったのです。

またぐちぐち嫌味を言われるのを覚悟していると、奈緒子さんは何やら考え込んでいるように見えました。

そして渋滞を抜けた車が、シティホテルの手前に差しかかったときでした。

「あそこに車を停めて」

突然、奈緒子さんがホテルを指差してそう言ったのです。

「えっ、あの中にですか」

「もたもたしないで言うとおりにして」

上司から命令されれば従うしかありません。私は言われるままにホテルの駐車場に車を停めました。

車を降りた奈緒子さんは、私を引き連れて無言でホテルへ入っていきます。

「ほら、ぐずぐずしないで。会社に戻るまで時間があんまりないんだから」

奈緒子さんは高圧的ないつもの顔に戻っていました。ふだんと違うのは、ホテルの部屋で二人きりということです。

正直、私はまだ信じられずにいました。あの奈緒子さんがこんな場所に私を誘ってくるなんて、想像すらしたことがなかったのです。

私の混乱をよそに、奈緒子さんはさっさと服を脱ぎはじめています。

こうなれば私も手をこまねいている暇はありません。こちらもスーツを脱いでお互い裸になっていました。

「いい？　あなたとこんなことをするのは一度きりだから。私を抱いたらあのことは絶対に人に言わずに忘れてちょうだい」

そう言われ、ようやくこれは口止めのためのセックスだと理解しました。

全裸の奈緒子さんはベッドに横たわっています。このまま私の好きにさせてくれるつもりのようです。

ふくよかな胸に、下半身もむっちりと肉がついています。思わず生唾を飲み込んでしまいそうな色気たっぷりの体つきでした。

この体を自由にできるなんて、こんなチャンスは二度とないでしょう。

私は遠慮することなく、さっそく乳首を口に含ませてもらいました。

四十代とはいえ、まだまだ肌には張りがあります。胸のふくらみはやわらかく、乳首だけが硬く勃起していました。

「……んっ」

乳首を愛撫していると、かすかな吐息と声が聞こえてきます。

私はさらに舌で転がし、強く吸い上げました。そうすると乳首はますます硬くなり、ときおり体がぴくんと反応しました。

おそらく奈緒子さんも感じているはずです。しかし部下である私の前では、感じている姿を見せたくはないのか、あまり表情に出してはくれません。

まぁそれでもいいかと股間に手を伸ばしてみると、素直に自分から足を開いてくれました。

ふんわりとしたヘアの下に、肉づきのいい割れ目がついています。そこを軽くさわってみても、何の反応もありません。

ところが、指を割れ目の中にすべり込ませてみて驚きました。ヌルヌルとした液がすでに湧いていたのです。

思わず奈緒子さんの顔を見上げると、何も言わずに目を逸らしました。

「これ、おしっこじゃないですよね」

指を動かしながら言うと、キッと私を睨《にら》みつけます。しかしそれだけでいつもの文句は出てきません。

もしや奈緒子さんも興奮しているのでは……その思いが強まってきました。

確かめてみようと、膣の奥まで指を入れてみます。そこはさらに熱く湿っていて、指全体をクイクイと締めつけてきました。

「ん……んんっ、あっ……」

「だんだん声が我慢できなくなってきましたね」

私は指を動かしながら、意地悪く言ってやりました。ふだん嫌味ばかり言われているのでそのお返しです。

「ここが感じるんですか？」

クリトリスもさわってやると、さらに「ああっ！」と声が洩れてきます。

それでも素直に気持ちいいとは言ってくれません。いくら愛撫をしても、頑《かたくな》な態度は崩しませんでした。

それならばと私も意地になり、なんとしても乱れた姿を見てやろうと思いました。

「さっきから膣の中がヒクヒク動いてますよ。ずいぶん締めつけもいいんですね」

「……変なこと言わないで」

そう言いつつ、体は素直に反応しています。じっくり時間をかけて責めていると、指の動きに合わせて腰もくねりはじめました。

「はぁっ、ああ……」

うっとりとため息をつく顔を見て、私も我慢ならなくなりました。勃起しっぱなしだったペニスを奈緒子さんの顔に近づけたのです。

目の前に突き出されたそれを見て、奈緒子さんは一瞬顔をしかめました。

私が何を求めているのか、もちろんわかっているはずです。

明らかにいやがっているものの、フェラチオもできない女だと思われるのがしゃくだったのでしょうか、ためらいながらもペニスを口に咥えてくれたのです。

「ああ、とってもいいですよ」

やわらかな唇に吸い込まれ、温かい粘膜がすっぽりと包み込んでくれます。

その刺激以上に、奈緒子さんの表情がそそりました。私の股間に顔を埋《うず》めて必死にペニスを頬張りながら、悔しそうにしています。

そのくせ舌づかいは手を抜かず、しっかりと絡みつかせてきました。

思わず私は奈緒子さんの頭に手を置き、腰を揺すりました。

「ンンッ、ンッ……ンンッ」

まるで道具のようにペニスを出し入れされても、苦しげに声を洩らすだけです。

いつも叱りつけている部下にこんな扱いをされ、屈辱的な気分だったのでしょう。

それを想像するとたまらない気持ちです。

私はペニスを咥えさせたまま、ベッドの上にいる奈緒子さんの体の下にもぐり込みました。下から体を支えるシックスナインの姿勢です。

今度は私の目の前に奈緒子さんの股間があります。

濃いヘアの奥に、ぱっくりと広がっている割れ目がたまらなく卑猥でした。そこはさっき指で愛撫したときよりも明らかに濡れていました。

それに発情しているせいなのか、それともおしっこの匂いが残っているのか、ムワッとくるなまなましい匂いです。

私はわざとらしく、股間に鼻を近づけてクンクンと嗅いでやる仕草をしました。

するとフェラチオをしている奈緒子さんにも鼻息で伝わったようで、ペニスを口から離して「そんなとこ嗅がないで」と恥ずかしそうにお願いをしてきました。

その初々しい仕草に、ますます私はそそられました。

いやがるのも構わずに私も舐めてやります。割れ目を広げて濡れた穴の入り口に舌を走らせました。

「あっ、んんっ……んっ、あんっ」

舐めていると、喘ぎ声が途切れることはありません。すぐそばのお尻の穴までヒクヒクと動いています。

しばらくシックスナインを続けていると、まるでおねだりをするかのように奈緒子さんが自分から股間を押しつけてきました。

「そろそろ、入れてほしくなったんじゃありませんか？」

「……好きにして」

それならばと、私はさっそくコンドームをつけて挿入の準備をしました。

奈緒子さんはベッドに横たわって私を待っています。黙って足を開き、さっさと入れておしまいにしてと言わんばかりでした。

相変わらずつれない態度でしたが、気にせずに正常位のかたちで腰を密着させます。

ペニスで膣を開き、一気に挿入しました。

「……んんっ！」

その瞬間、これまででいちばんの大きな声が飛び出しました。

しかしすぐに口を閉じ、また必死になって快感を押し殺そうとしています。

それでも体は無意識に私を求めているようでした。顔をそむけながらも、つながった私の背中に腕を回しているのです。

「ああ、気持ちいいですよ。とっても熱くて、吸いついてきます」

私は正直な感想を口にしました。四十代とは思えない膣の締めつけで、奥までたっぷりうるおっています。

一回腰を引いて押しつけると、奈緒子さんの閉じた口から「んっ！」と甲高い声が洩れました。

「いい加減素直になってくださいよ。ほんとうは、もっとしてほしいんでしょう」

「勘違いしないで。あなたなんかに抱かれても、ちっとも気持ちよくなんてないんだから」

ほとんど意地になっているのでしょう。どうしても感じていると認めたがらないので、私はさらに腰の動きを速めました。

「あっ、んっ……ああっ！」

だんだんと声のトーンが高くなり、腰のうねりを抑えきれなくなっています。喘いでいる表情は、ふだんとは別人のような牝の顔でした。半開きの唇がとても色っぽく、私を見つめる目もうっとりしていました。

このまま完全にオトしてしまおうと、強めに腰を押しつけてやります。

「あっ、ダメ！　そんなに……」

どうやら強引なペニスの出し入れに弱いようです。私はさらに膣の深い場所を繰り返し突き上げました。

しばらくすると、とうとう奈緒子さんの化けの皮が剝がれてきました。

「ああっ、もう……もうダメッ！　気持ちいいっ、もっとしてぇ！」

そうおねだりの言葉を吐くと、自分からディープキスをしてきたのです。

突然だったので私も驚きました。しかも積極的に唇に吸いつき、舌も絡みつかせてきます。

「ンッ、ンッ……あんっ、はぁんっ！」

キスをしながら腰を動かしていると、喘ぎ声も激しくなりました。

「どうです、こうすると感じるでしょう」

「いいっ！　あなたのチ○ポとっても素敵……こんなの初めて」

当然のことながら、奈緒子さんのこれほど乱れた姿は見たことがありません。もはや私が逆に圧倒されていました。

同時にそろそろ限界が近づいています。ゴムをしているのでそのまま発射してもいいのですが、どうしてもやってみたいことがありました。

「口に出してもいいですか」

一瞬、奈緒子さんは真顔になりましたが、何も言わずに大きく口を開いて待っていてくれました。

私はそれを見ながら、最後に激しく腰を振りました。

「ああ、出るっ！」

そう叫んでペニスを引き抜くと、大急ぎでゴムをはずして口元に亀頭を持っていきます。

ギリギリのタイミングでした。うまく狙いが定まらず、口の中だけでなく顔にまで精液がかかってしまいました。

ドロドロに顔を汚されても、奈緒子さんは怒ったりせずに口を開いたままです。しかも最後は私が出したものを指でかき集め、すべて飲み込んでくれました。

それから私たちは、会社では上司と部下の関係を保ちながら、たびたびホテルへ行くようになりました。

相変わらず会社では厳しいものの、二人きりになると途端に甘えてきます。セックスになると立場が逆転し、どんなアブノーマルなプレイにもこたえてくれます。いまでは私が頼めば、バスルームだろうとどこだろうと、放尿姿まで見せてくれるまでになりました。

「あなただけよ。こんなところを見せるのは」

恥ずかしそうに言われると、ますます興奮して意地悪をしたくなってきます。いずれ会社でも同じことをやらせてみるつもりです。

社交ダンスで密着レッスンを受けて昂りを覚えてしまった熟年主婦は……

芳川美須々　主婦　五十二歳

夕飯の買い物帰りに駅前で配られていたチラシを見て社交ダンスサークルに入ったのが八カ月前のことになります。

チラシを配っていたのは若い女性でしたが、こんな五十代のおばさんに声をかけてくれたことがうれしく、年配でもまったく問題ないとのことだったので、生まれて初めて社交ダンスというものを始めてみることにしました。

サークルの活動は週に一度、貸しスタジオに十人から十五人ほどが集まってパートナーを代えながらダンスをするというものでした。

メンバーは学生から会社員、主婦などいろいろです。

私は初心者なので、まずは見よう見まねで踊ることになったのですが、皆さんとても親切にしてくれて、いろいろな年代の方たちとすぐに打ち解けることができました。

そんなか、チラシをくれた坂木《さかき》さんから「さっき、田崎《たさき》老人にしつこくされてたでしょ。大丈夫だった？」と小声で話しかけられたのです。

田崎さんというは六十代のベテラン男性で、確かにその日は手取り足取りダンスを教えてもらっていました。

坂木さん曰く「あの人、女性専門の『教え魔』だからイヤなときははっきり言ったほうがいいよ」とのことで、「教え魔」は文字どおり教えたがりの押しつけがましい人のことをいうそうです。

女性専門というのは要するに下心ありということ……。

「芳川《よしかわ》さんみたいなスタイルのいい人が狙われるの。そのせいで何人もやめちゃってるんだから」

実際、過去には田崎さんとのダンス中に悲鳴をあげた女性もいたそうです。「田崎老人」というあだ名も「スケベおやじ」という意味を込めたもので、サークル中の皆から陰でそう呼ばれているとのことでした。

あらためて思い返してみると、確かにベタベタといっぱいさわられたような気がしました。でも初心者の私にはどこからが不要なタッチなのかがわからなかったのと、あそこまでつきっきりで教えてくれる人はほかにいなかったので、ありがたいような気持ちもあり、このときは坂木さんからの注意も話半分にしか聞いていませんでした。

その結果ということでしょうか、私は目をつけられたらしく、その後はずっと田崎さんの個人レッスンを受けるようになっていったのです。


私は身長が百六十八センチと高めで、子どもを産んでいないぶん、自分で言うのもなんですがメリハリがあって見栄えのするボディだと思います。

若いころはスカウトにあったこともありましたし、四十代の半ばくらいまでは街で男性に声をかけられたりしていました。

ただ五十を過ぎてからはそんなこともめっきりなくなって、正直に言うと田崎さんのような人が一人いてくれたことは悪い気のすることではありませんでした。

田崎さんは男性ホルモンが多いのか毛髪が薄くて脂ぎった感じのする、あまり女性受けしないルックスですが、還暦過ぎという年齢のわりには長身でスタイルがよく、「老人」という印象はありません。ただ、女性への接し方には確かに問題があるなということが、私にもだんだんわかってきました。

指導のときは、最初のうちはふつうなのですが、触れ合っているうちに密着する面積が多くなってきて、手の動きや位置が怪しくなってきます。

組んでホールドするときに胸と胸がくっつくようにしたり、踊りながら頬と頬をくっつけてきたりするのはよくあることで、多少上達したいまでこそおかしいとわかりますが、初心者のうちは「こういうものなんだな」と思うしかありませんでした。

あるときなどは脇に当てた手で乳房の横に触れてきたあと、つないだ手のひらを指でくすぐってきたり、「サンバのウォークはこう」と下半身をくっつけたまま骨盤を左右にクイクイ動かしてきたこともありました。

そのときはさすがに「あっ」と小さな声が出て、あわてて身を離そうとしたのですが、お尻の肉をぐっとつかんで引き寄せられて下腹部に硬い物を押しつけられて……。

そこまでされてどうして黙っているんだと思われるかもしれませんが、周囲の人に気づかれたら恥ずかしいという思いがこちらにもあって、「やめてください」とはなかなか言いにくいんです。

だからなんでしょう、最初は心配してくれていた方々も「大丈夫そうだね」と私たちを放っておくようになり、私と田崎さんは公認のペアのように扱われるようになってしまいました。

こうなると田崎さんはますます大胆に、そしてしつこくさわってくるようになりました。一時間ほども踊っていると、まるで全身をくまなくなで回されたような気分になるんです。

もちろん、ほんとうにいやだったらサークルをやめるなり田崎さんと距離を取ればいいことです。なのに私がそうしなかったのは……やっぱり女として見られたり扱われたりすることがうれしかったんだと思います。

恥ずかしいのであまり書きたくないのですが、同い年で仕事人間の主人とは、もう十年くらい夜の営みがありませんでした。

もともと社交ダンスをやってみようと思ったのも男性と触れ合うことを期待していた面があって、相手が田崎さんみたいな人であっても、男性とくっついているだけでどこか高揚してしまっている自分がいるのは事実でした。

それに、慣れている人にはあたりまえなのかもしれませんが、私にとっては練習着として着るダンス用の衣装も刺激的でした。

衣装は男女ともに体のラインがくっきりと出るタイトなもので、私は上が半袖Vネックで下が膝上丈のショートスカート、田崎さんは細身の黒いスラックスと胸元の開いた白いラテンダンスシャツという、ちょっとセクシーな感じがするものでした。

初心者の私は着るだけで、もしくは人のを見るだけでソワソワした気分にさせられてしまいます。

そんな不純なところのある私でしたから、あとから思えば田崎さんの目つきや手つきがイヤラしいだなんて、他人のことを責められる立場ではなかったのかもしれません。

実際のところ、田崎さんと踊りながら知らずしらず淫らな気分になっていることも少なからずあったんです。

五十歳で保母の仕事を辞めるまでは、一人の女として悶々《もんもん》とするあれこれを仕事の忙しさで発散できていたんだと思います。

でもいまは……生活に不自由はないものの、やっぱり暇だからなんでしょうか、ストレスをはじめとするいろいろなことを溜め込むようになってしまいました。

その影響もあると思うのですが、サークルに入って三カ月ほどがたったころから、田崎さんとのレッスンを思い返して自慰をするようになっていました。

毎回ということではないにせよ、体がほてって何も手につかなくなってしまう日は、つい手と指が動きだしてしまうんです……。

そのとき、自分の手が田崎さんにさわられたところばかりをなぞっていることに気がついて、いっそう淫らな気分になりました。

お尻の肉に食い込んできた手の感触や、さりげなく脇に添えられた指先がじわじわとバストトップのほうまで近づいてくる感じ、汗をかいた肌の匂いを嗅がれている気がするときの恥ずかしさ……。

さすがにスカートの中にまで手が入ってくることはありませんでしたが、太ももの間に田崎さんの膝が入ってくることがあって、そんな日は自慰もいつもより激しくなりました。

もしも周囲に誰もいなかったらどんなことになっちゃうんだろう……そういうことをなまなましく想像しながら、私の指先は太もものつけ根まですべり上がって、アソコをいじりだしてしまいます。

いつも下腹部に押しつけてこられる田崎さんのアレが大きいことも、なまなましく思い出されました。

あんなのを口に入れられたらどんな気分になるんだろうと考えながら唇を舐めたり、アソコに入ってきたのを想像して指を一本から二本に増やして出し入れしたり……。

でもやっぱり指では満足できないというのが本当のところで、別に相手は田崎さんでなくていいのでエッチがしたいと思わないではいられなくなりました。

五十過ぎの女というと、世の中の人はもうお婆ちゃんだと思っているかもしれません。でも子どもを生んでいない私のような女は、むしろいちばんの盛りなくらいで、まだまだ体が元気なんです。

私自身、たまたま主人に構ってもらえないからこんなことを考えてしまうだけで、けっして自分が特別に淫らなんだとは感じていませんでした。

一つだけ計算外だったのは、こういうきわどい体験を繰り返すたび、たとえ自慰をしていてもけっしてスッキリできるわけではなくて、逆に少しずつ欲求不満が溜まっていってしまうということでした。

サークルに行けばほとんどの時間を田崎さんと密着してさわられつづけることになるなか、私の体は社交ダンスのことを考えただけで濡れはじめてしまうほどになってしまっていたんです。

田崎さんから「補習」を提案されたのは、そんなある日のことでした。

その「補習」というのは、スタジオではない別の場所であらためて個人レッスンをするというものでした。

二人きりということですから避けたほうがいいのはわかりきっていました。なのに結局断わりきれずに応じてしまったのは、認めたくはありませんが私自身にも期待するところがあったんだと思います。

ですからこのことはサークルの誰にも言いませんでした。

補習の場所は田崎さんが一人暮らしをしている自宅マンションでした。

中へ通されると驚くほど広い板の間のリビングがあり、きれいに片づけられていて、壁の棚にはダンスのビデオや賞状、トロフィーなどがたくさん飾られていました。

ほかの方からも聞いていたとおり、田崎さんの社交ダンスのキャリアはかなりなもので、大会での入賞経験が何度もあるほど実力は確かなようです。

ですからダンスだけを真剣にしていれば、みんなから尊敬される人になっていたんじゃないかと思います。

それができずに周囲から嫌われてどんどん孤独になり、さびしさが募《つの》ってますますしつこくなるという悪循環に……私としては田崎さんが悪い人だという認識は基本的になく、そんなふうに人柄を察したうえでも、やっぱり既婚者である私が独身の男性宅で二人きりになるというのはとても緊張しました。

別室で着替えていてものぞかれているんじゃないかとドキドキしたり、いつもどおりの練習着が挑発的すぎるように感じられたりしました。

そんなありさまでしたから、リビングに戻ったときには「男女」ということを意識しすぎてもう体が熱くなりはじめていました。

最初のうち、田崎さんはスタジオのときよりも真剣に指導してくれているようでした。意外に思いながら少しだけ拍子抜けしていたのですが、十分、二十分と過ぎていくうちに……やっぱり手つきが怪しくなってきました。

田崎さんとしては、私がどういうつもりで来たのかをまず慎重にうかがおうとしていたのかもしれません。初めてスタジオで指導してくれたときのようにさりげなくお尻に手を回してきたり、乳房の横に指をすべらせてきたりしながら、私の表情や反応をじっと観察している気配がありました。

スタジオであれば人の目がありますから、私も気が張っていてちょっとやそっとでは反応を示したりしません。でも誰もいないとなると……ふだんはできているはずの我慢ができなくなってしまって、小さな声やビクンとする反応を抑えるのにとても苦労しました。

私のそんなやりにくさを知ってか知らずか、田崎さんの手は時間がたつほどにどんどんきわどく私を刺激してくるんです。

気がつくと、握り合った手と手は汗だくで、私の息は大きく乱れはじめていました。

下腹部に硬いものを押し当てられたまま、胸と胸を密着させて腰を振り合うような動作をさせられ、何度かは首に唇を当てられました。

スカートの上からショーツのラインをなぞるように指を動かされ、耳元で「とてもいいですよ。もっと力を抜いて……私を感じてください」とささやかれたとき、ゾクッと全身に鳥肌が立ちました。

田崎さんがそれを感じ取ったように背筋をスッとなぞってきて、私は思わず「あぁっ」と高い声をあげていました。

「芳川さん、重心が傾いていますよ」

言いながら脚の間に膝を割り込ませてきた田崎さんが、私の体を支えるふりをして乳房を横からつかんできました。

「う、うんっ……」

こうなるのはわかっていたのにのこのこ部屋までやってきて、案の定こんなふうに……恥ずかしくて顔を火のように熱くしながら、私は自分の脚のつけ根がヌルヌルになっているのを感じていました。

どう考えてみても、これはもう社交ダンスではありませんでした。それでも田崎さんはもっともらしくステップの踏み方や私が回転するときの重心について指導しながら、私の体をいいように動かしてくるのです。

そうするうちに、気がつくと田崎さんの手がヌルついた太ももの裏をなでていました。私はほとんど頭のなかが真っ白になって、体は芯を失って、目の焦点も合わないほどグダグダになっていました。

どれくらいの時間、歯を食いしばるような密着ダンスを続けていたでしょうか。フラフラになって立っていられなくなったタイミングで「芳川さんはダンスの才能がありますよ。それはぼくが保証する。ただちょっと……いろいろと溜まってるものがあるみたいですね。スッキリするようにマッサージしてあげるからこっちに来なさい」と言われ、脇に手を入れて支えられながら寝室へ連れ込まれたときには、もう覚悟ができていました。

いいえ、諦めがついたと言ったほうがいいかもしれません。女として恥ずかしいことを言われたという気持ちもあるのですが、それ以上に、ほんとうにどうにかなってしまいそうなくらい体が昂《たかぶ》ってしまっていたんです。

ベッドへあおむけに横たえられた私は、田崎さんの手がスカートをまくりながら太ももをなで上がってきたのを感じただけで声をあげそうになりました。

少しの間もじっとしていられず、ビクンビクンと身をふるわせて、自分の手で自分の顔をおおっていることしかできませんでした。

「恥ずかしがることはありません……ほら、よけいな力が入ってる」

田崎さんが言いながらショーツギリギリのところでグッと肉をつかんできました。

「ああっ、待って……」

「大丈夫ですよ、もっとリラックスして……ぼくたちはパートナーなんですから、これくらいあたりまえです……」

なだめるように言いながら、田崎さんは片手で私の二の腕をなでさすったあと、脇のファスナーをゆっくりとおろしていきました。

ほんとうにこんなことをしていていいのか……主人の顔を思い出して我に返りそうになったとき、田崎さんのもう一方の手がショーツ越しのアソコにジワッと指を喰い込ませてきました。

「あはぁっ！」

自分でも怖くなるような快感がこみ上げてきて、私は何かを叫びながら田崎さんを突き飛ばそうとしました。でも田崎さんはまったく構わずに、ショーツへ当てた指を動かしつづけながら大きな体を前に倒しておおい被さってきました。

田崎さんの下で思うように動けない私は、乱れた衣装の下から乳房をつかみ出され、ショーツの中に手を入れられ、濡れたアソコを何度もなぞり上げられました。自慰のときに想像していたのとはぜんぜん違う強い刺激と興奮で、頭のなかまでジーンとしびれていくようです。

指の股でトップを挟まれたまま乳房全体をもみしだかれ、あちこちにキスをされながらアソコに指を入れられました。

汗だくの肌が匂うんじゃないかと気が気ではないなか、田崎さんは私の乳首を舐め吸い、腋の下にまで舌をすべらせてきました。

「そんなとこ……舐めちゃ……ああっ、汚いですから……」

言葉ではそう言いながら、私は無意識に骨盤を傾けて田崎さんの指をアソコで食い締めてしまっていました。

もう自分の意志では体を動かすことができなくて、反射のように手や足を突っ張らせるばかり……されるがままになるしかありませんでした。

田崎さんはそんな私の体のありとあらゆるところに舌を這わせてきました。

そうしながら常にアソコを刺激してくるので、私は何度もエクスタシーに達し、頭はボーッとしたままで、自分の体がどういう体勢になっているのかもわからなくなるほどでした。

横向きにされたり、うつ伏せにされたりしながら、お尻の穴にまで舌を入れられました。こんな恥ずかしい愛撫をされたのは生まれて初めてのことでした。

言いわけをするつもりはないのですが、思えば田崎さんから初めて指導を受けたときから、私の体はずっと焦らされてきたようなものでした。

自慰をしても鎮まらないほてりを抱えさせられたうえで、ますますウズウズするようなことをされつづけたんです。

「田崎さん……お願い……ああっ、もう……もう……」

気がつくと私は自分から田崎さんのアレを求めていました。

「芳川さんがお望みとあらば……」

田崎さんがしたりとばかりにそう言って、唯一身につけていたブリーフをおろすと、六十代のそれとは思えない張りと大きさを保ったアレを勢いよく飛び出させました。

「あぁ、すごい……田崎さん……主人のより……」

私は両手で掲げるようにそれを包むと、ほとんど夢中で唇を押し被せていました。頬張りきれないほどのアレをのどの奥まで受け入れて、ヌルヌルとした男臭いオツユを無我夢中で味わいました。

こんなことをしていると、やっぱり自分は平均以上に淫らな女なのかもしれないと思えてきます。

ずっと舐めていたいと思う一方で、一秒でも早くトドメを刺してほしくて仕方がなくて……。

納得いくまで舐めたあと、ようやく田崎さんのアレをアソコの奥まで受け入れたとき、十年以上ぶりに満たされた悦びで、私は背筋をのけぞらせました。

田崎さんが悠然と腰を動かしだしたら、もうダメです……ほとんど正気を保っていられなくなるほど感じてしまいました。

そうじゃないかと想像はしていましたが、田崎さの体力は底なしで、考えられないようなしつこさで私をどこまでも追い込んでくるんです。

ズルンッ、ズルンッと入り口から子宮の奥まで、アソコの中をまんべんなくこすり上げられて、それが体位を替えるたびに新しい快感を伝えてきました。

田崎さんはダンスと同じように体を密着させながらするのが好きなようで、正常位でしているときはずっと胸と胸がくっついた格好になり、お互いの汗で肌がヌルヌルとイヤラしくすべりました。

後ろから貫かれたときは背中にのしかかられて、私がベチャッとつぶれると、二人の体がぴったりと重なり合って一つに溶けていくようでした。

私たちはダンスで息を合わせる練習をしているので、その効果でしょうか、エッチの相性も驚くほど合いました。

腰の動きの呼吸が合って、どんな体位でもいちばん気持ちいいところに田崎さんのアレがグイグイ当たってくるんです。

「イクッ……またイクッ……ああっ、田崎さんすごいっ！」

何度目かの正常位で私は叫び、両脚を田崎さんの腰に巻きつけたまま腰を高く持ち上げました。

「むうっ……芳川さん、ぼくも……ぼくもイキそうだよ」

わずかなすき間もないほど密着した私たちは、最後の最後まで息を合わせて、湿った音をリズミカルに鳴らしつづけました。

「芳川さん……そらイクぞ！　どこに出す！」

「ああっ、そのままイッて！　私もイクッ、またイクーッ！」

避妊具はつけずにしていましたが、五十になるのと同時に私は閉経していました。

衝動のまま中に出してほしいと叫び、アソコを強く締めながらもう一度絶頂に達した瞬間、田崎さんが私の奥でアレを弾けさせました……。

この二人きりでの「補習」がいまから半年ちょっと前のことになります。まじめに社交ダンスをしている方には怒られてしまいそうな始まりでしたが、ダンスそのものはとても奥が深くて楽しく、あのときチラシを渡してもらってよかったと心から思っています。

いまはサークルをやめて田崎さんのところでのみ個人レッスンを受けていて、そろそろ本気で大会を目指してみようかという話までしているこのごろです。

年下の女性部下とのダブル不倫で初めて知ったアナルセックスの快美感

工藤茂明　会社員　四十二歳

某メーカーの営業部でチームリーダーをしています。

現在四十二歳ですが、二歳年下の妻とは結婚してもう十五年近くたっていて、いまではもうほとんどセックスレス状態です。

でも現在、セックスに関して不満はありません。実は私、会社の部署の部下と不倫をしているのです。

相手の麗美《れいみ》はけっして若いというわけではありません。もう三十路も半ばの年齢で、私と同じ既婚者です。

でも、言葉では言い表せないような色気の持ち主なのです。

ビジネススーツに身を包んでいても裸を想像せずにはいられないムッチリした肢体。そしていつも濡れたような声で話しかけてきて、常にいい匂いをさせているのです。

これがフェロモンというものかと、初対面から思いました。

そんな女と外回りで二人きりですから、変な気持ちにもなります。

必然的に、ダブル不倫の深みに陥《おちい》ってしまったのです。

色っぽい容姿から想像されるとおり、ベッドの中でも麗美は激しいセックスを好みました。喘ぎ声も反応も激しく、感度も最高なのです。

好きな体位は騎乗位で、自分で腰を使って私をイカせるのが好きです。フェラチオも大好きで、放っておくとずっと舐めつづけています。

麗美は私よりも年下なのに、私なんかよりもずっとセックスを経験して、やり尽くしているように思えました。

そしてそれがそのとおりだということが、ある日、明らかになったのです。

「ねえ、お願い、こっちにして……」

いつものようにラブホテルに麗美としけこんでいたとき、麗美は四つん這いになってお尻を高く突き出し、そう要求してきたのです。

麗美の指先は、彼女のお尻の穴を指さしていました。

「いや……でも……」

アナルセックスの経験がない私はとまどいました。

でも、麗美はなおも私に迫ってきます。

「大丈夫……お尻の中はもう、きれいにしてきたから……」

麗美はそう言いますが、やはり、お尻の穴を使うというのは抵抗があります。

私もセックスは好きですが、あまりアブノーマルなことは経験していません。

なんとなくアナルセックスというのは不潔な感じがするし、男同士でする行為のような気がして、気が進みませんでした。

「大丈夫だってば……すごく気持ちいいんだよ……ほらあ、早く……」

渋る私をなおもけしかけて、麗美は私のペニスを後ろ手につかんで、自分のお尻の穴に導き入れるような仕草までしてきたんです。

私はとまどいながらも、亀頭の先をまずは麗美のアソコに挿入しました。

「んあ、ん……」

麗美が濡れた声をあげました。すっかり興奮したアソコは、まさに「蜜壺」という形容がピッタリなくらいジュースで濡れていました。

数回ピストンして、すっかり濡れたペニスをアソコから抜きました。

そして、その愛液をローション代わりにして、お尻の穴を犯したのです。

まず、お尻の穴に亀頭が触れた瞬間に、麗美のお尻の穴がヒクヒクと広がっていくのが見物でした。まるでペニスを受け入れる準備をするみたいにうごめくのです。

（こんなふうになるんだ……）

バックの体勢で麗美の豊かなヒップに両手を置いて、私は二人の結合部分を見おろしてそんなことを思っていました。亀頭がすっぽり、お尻に呑み込まれました。

「ああ……はやく……奥まできて……」

麗美が懇願してきました。

麗美がベッドで積極的なのはすでに書いたとおりですが、この日は、いつも以上でした。こんなにも真剣に求められたのは、初めてのことだと思います。

濡れたペニスが、ゆっくり埋《うず》まっていきます。

（うわあ……）

私の口から、思わずため息が洩れました。目の前の光景に圧倒されたのです。

本来セックスに使う物ではない部分が、自分のペニスを呑み込んでいくのです。

なんとも言えない背徳感が体の奥から湧き起こり、それが興奮にもなりました。

思った以上にスムーズに入ってしまいました。麗美のほうでも上手く角度や何かを調節してくれたみたいです。

（コイツ、そうとうヤリこんでるんだな……）

あきれながら、私も昂《たかぶ》っていました。

不倫の初めのころには、家庭や会社に内緒の関係を持っているというだけで罪悪感があって、それが快感にもつながっていました。でもこの関係もかなり長い間続いているので、このところ少しマンネリでもありました。

アナルで感じるセックスの新鮮な快感は、麗美と関係を持ちはじめた最初のころのときめきを、私に思い出させてくれたのです。

奥に根元まで挿入すると、今度はキュッと締めつけてきました。

「うあっ……！」

私は思わず声を出していました。私の声を聞いて、麗美はうれしそうに笑みを浮かべ、私のほうを振り返りました。

「どう……気持ちいいでしょ？」

私は答える代わりに、麗美のお尻の肉をつかんで腰を前後させました。最初は恐る恐るという感じでしたが、次第に、自然に、腰の動きが速くなってきました。

「ん、ああ……もっと激しくしてもだいじょうぶ……」

麗美は、そんなことを言ってむしろ私を煽ってくるのです。

私は夢中になって腰を振りました。

女性器とはまるで違う感触でした。まず、中がずっと熱く感じました。

そして女性器以上に締めつけを自由にコントロールできるのか、麗美はやたらと穴をうごめかして、私を刺激してくるのです。

ただしこれはアナルセックスの一般的な特徴なのか、麗美が特別にアナルセックス慣れしているせいなのか、私にもあまりよくわかりませんが……。

「おお、くう……イクぞ……！」

「ああ、ああ……来て、出して、中に思いっきり……！」

汗ばんだ肌を白く光らせながら、麗美はそう絶叫しました。

言われるまでもなく、私のペニスは我慢できないほどたぎっていました。

「イク……イクぞ……！」

私は思わず、麗美のお尻の肉を平手打ちしました。

麗美は獣のごとく叫んでいます。断言してもいいですが、セックスでこんなにも興奮した経験はそれまでありませんでした。

最後の絶頂の瞬間は、文字どおり頭が真っ白になりました。

果てたあとにペニスを抜くと、麗美のお尻の穴からドロリと白濁した体液が流れ出してきました。まるでアダルトビデオのような卑猥な光景です。それを見ていると、いま出したばかりだというのに私のペニスは硬さを取り戻すほどでした。

そしてそれがおさまると、麗美のお尻の穴はもとの可憐《かれん》なつぼみのように小さくおさまってしまうのが、なんとも不思議でした。

「……気持ちよかったでしょ？」

麗美に言われて、私はうなずくしかありませんでした。

ようやくお互い落ち着くと、麗美は私にいろいろと話してきました。

「私の旦那は、これをしてくれないの……」

どうやら話を聞いていると、そもそも麗美が私と関係しているのは、夫とはできないアナルセックスを求めてのことだったようです。

それでも初めから「アナルでしてほしい」とは言い出せなくて、十分に親密になったころあいを見計らって求めてきた……というよりも、これ以上もう我慢できなくなってしまったのだそうです。

「久しぶりに後ろでしたから、ものすごく気持ちよかったあ……」

とろけるような顔で、麗美は言いました。

麗美はやっぱり、私なんかよりもずっとセックスにのめり込んだ人生を歩んできたのでしょう。いろいろなことを体験した挙句、お尻の穴の快感に目覚めたのです。

なんという淫乱な人妻だろうと思いましたが、私のほうも初めて知ったアナルセックスの快感に、これはヤミツキになりそうだと予感しました。

そして実際、そのとおりになってしまったのです。

次に麗美と関係したときも、彼女は「後ろでしてほしい」と懇願しました。

そして私はそれにこたえました。いつの間にか、麗美とは前の穴はめったに使わなくなってきました。ほとんどアナルでしかしなくなってしまったのです。

一度この味を覚えると、前の穴ではなんだか物足りなさを感じてしまうのです。

アナルで交わるようになってから、私はますます麗美にのめり込むようになりました。すでに書いたとおり、妻とはセックスレスです。しかし、仮に夫婦生活が復活したとしても、お尻の穴を使ってセックスしようとは妻には言えません。

この快感を得るには、麗美と関係するしかないのです。

麗美とのセックスの頻度は、前にも増して多くなっていきました。

私は欲情すると、すぐに麗美にその意思を伝えるようになりました。麗美のほうではいつでも準備オーケーという感じで、私の求めを断ることはほぼありませんでした。

もちろん、彼女のほうから求めてくることもあります。

ある日、いつもと同じように私の運転する社用車で外回りに出ているとき、麗美が潤《うる》んだ目で私を見つめてきました。

体が疼いたときには、決まってこんな表情になるのです。

「したくなってきちゃった……」

案の定、麗美はそう言って私を求めてきました。

そのときちょうど私たちは私の自宅の近くを走っていて、しかもその日、私の妻が実家に行って家にはいないことを私は思い出しました。

「俺の家でしてみるか？」

私がそう提案すると、麗美は目を輝かせました。

「素敵……いつも奥さんと寝てるベッドでするのね……」

麗美はそう言って、舌舐めずりまでしたのです。

その後、私の家にまで向かう道すがらはお互い口数も少なくなりました。

これからすることへの期待や不安や罪悪感で、そうなってしまったのです。

でも二人ともいままでになく興奮していることだけは確かでした。

近所の人に見つからぬよう、ひと気のないすきを見て家に入る必要がありました。

自宅はマンションですが、まず私が帰宅し、そのあとに麗美を家に入れました。

初めて私の家に入った麗美は、興奮して顔を紅潮させていました。

「……誰にも見つからなかったか?」

私がたずねると、麗美はうれしそうにうなずきました。

「すっごいスリル……もうこんなに濡れちゃった……」

麗美は私の手を取って、自分のスカートの中に入れました。

ビジネスシーンの服ですが、麗美の体を包むと自然にタイトスカートになってしまうのです。その窮屈な太ももの間に、麗美は私の指先を迎え入れたのです。

「うおっ……」

私は思わず声をあげてしまいました。それくらいグッショリ濡れていたのです。

パンティ越しにもはっきりとわかるほどでした。

「もう我慢できない……しゃぶらせて……」

麗美はそう言うと、まだ玄関口だというのに私の前にひざまずいてファスナーをおろし、中のモノを取り出してきたのです。

「ほら……こっちも、こんなに熱くなってる……」

中からこぼれ出た私のペニスは、麗美の言うとおりすでにふくらんでいます。

麗美は、何のためらいもなく、洗ってない私のペニスを口に咥えました。

じゅぶじゅぶといやらしい音を立て舐め回します。麗美はフェラ好きなので、それ自体は珍しいことではありません。

しかし、自宅の玄関でそれをされているのが新鮮でした。やはり非日常感からくる興奮や快感がハンパではないのです。

麗美の舌先は、包んだ口の中で亀頭をなで回しました。いつも以上に唾液が溢れています。やはり麗美も興奮しているのでしょう。

責め方もいつも以上にねちっこく、顔を前後に動かしてしごき立てます。

すぐに射精感が体の奥からこみ上げてきました。

「お、おい……ちょっとヤバいよ。感じすぎる……」

ここで射精してしまうのはもったいないので、私は半ば強引に麗美の頭を自分の下半身から離さなければなりませんでした。

やはり、麗美のお尻の中でイキたかったのです。

興奮状態の麗美を立たせて、私は寝室へと連れていきました。いっしょに自宅の廊下を歩いている間も、互いの体をまさぐったりキスをしたり、イチャついていました。

そしていよいよベッドのある部屋まで来ると、麗美はなんと私の体をそこに押し倒して、私に襲いかかってきたのです。

「ああ、ああん……早くイカせて……!」

麗美が肉食系だということは十分承知していましたが、それにしてもここまで乱れた姿を見たことはなかったと思います。

私の着ている物を中途半端に脱がすと、天を突いてそびえ立っているペニスに跨《まや》がってお尻を落としてきました。

「んん……」

麗美は恍惚《こうこつ》の表情を浮かべて亀頭を、肉茎を呑み込んでいきます。目を閉じながらでも自分の指でお尻の穴にペニスを導いて挿入できるほど、熟練しているのです。

「あ、あ……入ったあ……！」

麗美は完全に私の体の上に腰をおろしてしまいました。完全に根元まで呑み込んでしまったのです。興奮ですぼまったお尻の穴が私を締めつけてきます。

しばらくの間は二人とも体を動かさず、お尻の穴を使って一つになっている状態を味わっていました。

麗美は私のシャツをめくり上げ、乳首を両手の指で刺激しながら、これまでに何度も私に訊いてきた質問をまたしました。

「ねえ、こんなこと、奥さんとできる……？」

「んっ……で、できるわけがないだろ……」

私の答えを聞くと、麗美はうれしそうな笑みを浮かべました。そして、ゆっくりと腰を上下に、前後に動かしはじめたのです。

「んんっ……んんっ……気持ちいいでしょう……」

紅潮した顔で麗美は私に何度もそうたずねました。腰を動かしながらときおり部屋の中をチラチラと見回しています。

「何か……興奮しちゃう……ここで奥さんと寝てるんだ……」

やがてその興奮を、麗美は隠さなくなってきました。

腰の動きがどんどん大きくなってしまうのです。自分でもコントロールできないくらいに激しくなっています。

「ああん、イク、お尻でイッちゃう……!」

すでに小さなオーガズムに何度も達しているようでした。ビクビクと、麗美の体が小さく痙攣したのを感じたからです。

麗美とは、お尻の穴で繋がったときのほうが一体感を覚えるのです。

私のペニスの感度も、どんどん上がっていきます。

麗美は自分の体を前に倒したり、後ろに傾けたりします。こうすることでお尻の中のペニスが刺激されて、気持ちよくなることを熟知しているのです。

（やばい、もうこのまま出てしまう……）

さっきの玄関口のフェラですでにかなり射精感の高まっていた私のペニスは、すでに麗美の中で脈動をくり返していたのです。

「もうダメ……！」

麗美はそう言って、私の体にもたれかかってきました。大きなアクメを感じたのでしょう。その瞬間の刺激で、私のペニスからも大量の精液が出ました。

「うっ、ああ……！」

しばらく重なり合ったまま、荒い息で呼吸をすることしかできませんでした。

それくらい気持ちよかったのです。自宅に愛人を呼び寄せてセックスをする、それもアブノーマルなセックスを……この快感は、やったことのある者でなければきっとわからないと思います。

やがて麗美が腰を上げました。お尻の中のモノを溢れさせないように手を押さえつけているようです。

「……ねえ、お風呂を借りられる？」

私は麗美を自宅の風呂場に案内しました。

「人の家のお風呂でするのも気持ちよさそう……」

麗美はまだまだ「やり足りない」状態だったのです。麗美は結局、私のことも強引に風呂場に引き入れました。

「……ねえ、シャワーを使ってお尻をきれいにして……」

麗美は浴槽の壁に手を突いて、私にお尻を向けてそう言いました。

私はシャワーを手に取って、麗美のお尻にあてました。

「んん……もっと……指を使ってかき出して……」

私は少し躊躇《ためら》いつつも麗美に言われたとおりにしました。これまでアナルセックスは何度もしましたが、意外にも指を挿入したことはなかったのです。

私はシャワーを左手に持ち替え、右手の親指の先を麗美のお尻の穴にあてがいました。そしてゆっくりと、悶える麗美の反応を見ながら奥まで押し込んだのです。

「ああ、んん……すっごく気持ちいい……中で動かして……!」

麗美は上半身を浴槽の壁に押しつけるようにしながらそう言いました。豊かなバストが押し当てられてつぶれて、横にはみ出しています。

親指に、何かがドロドロ垂れてきました。さっき私が麗美の中に出した私自身の精液です。親指でそれをかき出しながら、私は人差し指で前の穴、性器も刺激しました。膣口まで愛液が溢れています。

「二つの穴をこんなにドロドロにして……スケべな女だな……」

私が背後から麗美の耳元にそうささやくと、麗美は心からうれしそうに笑いました。

自分のことを「スケベ」と言われて興奮しているのです。

二つの穴を同時に責める指が、どちらもどんどん深く挿入されていきます。

(うわあ……こんなに深く……)

麗美の貪欲な体は、こんな状態でも私の指をむさぼってきます。

自分の親指と人差し指とが、麗美の下半身の中でくっつき合うような錯覚さえ感じました。異常で、変態的で、でもものすごく興奮させられるのです。

麗美の喘ぎ声が、どんどん大きくなっていきます。喘ぎながら麗美は、私のペニスをつかんでしごき立ててきました。

すぐに私のペニスは怒張を取り戻しました。いえ、さっきよりももっと大きく硬くなってしまったくらいです。

私が中をきれいに掃除すると、麗美が濡れた声でリクエストしてきました。

「立ったままで、して……」

麗美は壁に手を突いたまま、大きく両脚を広げます。

突き出されたボリュームのあるヒップを私はなで回し、お尻の肉を左右に広げました。つぼみのように小さくなったり、驚くほど大きくなったり、収縮をくり返す麗美のお尻の穴が、そこにありました。

私はパンパンに硬くなった亀頭をそこにあてがい、ぐいっと挿し込みました。

（もう我慢できない……！）

「あ……！」

麗美は目を閉じながらも、亀頭の首のあたりを締めつけてきます。

その締めつけを突き破るように私は腰を押し出し、根元まで挿入しました。

その後はもう、無我夢中でした。狂ったようにピストンして肉と肉がぶつかる音を浴室内に響かせながら、全身を使って麗美のお尻の穴を味わったのです。

麗美の体の中の粘膜に刺激されたペニスは、早くも限界が近づいていました。

「イク……イクぞ……！」

獣のような声をあげる麗美のお尻をつかんだまま、私はその日二回目とは思えないほどの量の体液を注ぎ込んだのです。

〈第四章〉

初めてのオモチャで何度も超絶アクメ

今も忘れることのできない衝撃の夜
二人の童貞を奪った初めての3P体験

倉沢洋子　主婦　三十八歳

大学生のとき、私は速記部に入っていました。といっても、速記の勉強はほとんどせずに、飲み会や遊びのイベントばかりやっていたんです。

それでも男女ともほかの遊び系サークルに比べればまじめな人が多くて、男子は今でいう草食系ばかりでした。

だから、メンバーの家で飲み会などあったときは、男女がいっしょに雑魚寝《ざこ》したりしても、とくに問題が起こったことは一度もなかったんです。

それはとても心地いい関係だったのですが、やはり若い男女のことなので、一度だけ過《あやま》ちを犯してしまったのでした。

それは私が三年生のとき。いつものようにメンバーの中村《なかむら》君の家で飲み会をやったあと、帰れる人は帰って、家が遠い私はそのまま泊めてもらうことにしたんです。

私のほかには、島崎《しまざき》君という男子もいっしょで、三人で川の字になって寝ることになりました。それまでにも何度もそうやって男子の部屋に泊めてもらっていたので、私は少しも警戒していませんでした。

そして、アルコールのせいもあって私はすぐに寝てしまったのですが、夜中に話し声で目をさましました。

まだ部屋の中は暗くて、夜明けには程遠い時間だということはわかりました。中村君と島崎君が声をひそめて、真剣な様子で何か話しているんです。

なんの話をしてるんだろうと思って、私は布団をかぶったまま耳を澄ましました。

「どうする？　ヤッちゃう？」

「でもなあ……」

「大丈夫だって。おまえ、童貞を卒業したくないのかよ」

「そりゃあ、卒業したいけど。もしも洋子《ようこ》ちゃんが抵抗したらどうするんだよ？」

「あれだけ酔っ払ってたら、抵抗なんてできないよ。いやならいいんだぜ、俺一人でヤッちゃうから。おまえはもう寝ちゃえよ」

どうやら二人で私を襲う相談をしているようでした。

私は驚きましたが、同時に興奮してしまいました。そのころはちょうど彼氏がいなかった時期で、半年ほどセックスもしてなかったんです。

だけど積極的なのは中村君で、島崎君は少し引き気味な感じなのが残念でした。

実は私は島崎君のことが好きだったんです。

同じサークルのメンバーとして仲よくしていたので、そのいい関係を壊したくなくて、思いはずっと胸の奥に秘めていたのですが、こうやって中村君の部屋に泊めてもらおうと思ったのも島崎君がいっしょだったからでした。

もしも島崎君がその誘いに乗らないで中村君だけが私に襲いかかってきたら大声を出して抵抗してやろうと思っていました。そしたら、島崎君はぼそっと言ったんです。

「俺、やるよ。いつまでも童貞はいやだし。それにその相手が洋子ちゃんだったら、きっと一生の思い出になると思うんだ」

その言葉を聞いた瞬間、私は雷に打たれたように体がしびれました。島崎君も私のことを思ってくれていたなんて……。

本当ならふつうに告白されてつきあい、自然な感じでセックスになったらよかったのですが、いまさら、「二人の話、聞いちゃったわよ」とは言えません。

それに、中村君も清潔感があって別に嫌いじゃないし、二人の男に同時に犯されるっていうのも、なかなか刺激的な状況です。

いちおうセックスの経験はありましたが、当時の私はまだ3Pは未経験でしたから、想像しただけで下着の奥がヌルヌルになっちゃうんです。

だから私は彼らを受け入れる決心をしたのですが、いつまでたっても二人は「おまえ、いけよ」「なんだよ。ここはおまえの部屋なんだから、おまえが先にいけよ」と言い合っているんです。

焦れてしまった私は、寝返りを打って布団を跳ねとばし、「うう〜ん」と寝苦しそうな声を出してやりました。

私は中村君から借りたTシャツと短パンという姿です。それで大の字になっているのですから、童貞から見たらかなり刺激的だったはずです。

ゴクンと生唾を飲み込む音が聞こえました。そして、その直後、さすがに我慢できなくなった中村君と島崎君が、私を起こさないように気をつけながら、優しく胸をさわりはじめたんです。

「俺は左胸をさわるから、おまえは右胸な」

「う……うん、いいよ」

最初は遠慮がちでしたが、彼らの愛撫は徐々にエスカレートしてきました。

服の上からさわっていただけなのが、Tシャツをめくり上げて脱がされ、さらにはブラジャーのホックをはずして左右の乳房を二人で同時にもみはじめました。その間も私はずっと眠ったふりをしていました。

彼氏いない歴半年でしたから、そうやって胸をもまれるのも半年ぶりです。しかも一人は大好きな島崎君です。私はゾクゾクするぐらい興奮していました。

だけど二人とも童貞だから、強すぎたり、弱すぎたりして、すごくもどかしいんです。それに乳房全体をもみしだくばかりで、乳首をぜんぜん責めてくれないんです。乳首がいちばん敏感な場所だっていうのに……。

それでも、そうやっていたずらをされるのはなかなか刺激的な状況なので、もうしばらく彼らの好きにさせてあげようと思い、眠ったふりを続けました。

夜這いプレイとでも言うのでしょうか？　そういうアブノーマルな感じが当時の私には新鮮だったんです。

そしたら、二人の興味はようやく胸から股間へと移動していき、今度は短パンとパンティをいっしょに引っぱりおろしたんです。

彼らは、私が泥酔していて、もうどんなことをしても目をさまさないと思っていたようで、どんどん大胆になっていくんです。

二人は私の足下に移動し、膝を立てた状態でM字開脚にしました。産婦人科で診察されるときのような格好です。

そして、その正面に二人が座り、私の股間をのぞき込んでいる気配がするんです。

「す……すげえ……。モロだ」

「う、うん。そうだな。完全無修正だ」

二人は童貞なので、女性のあそこを生で見るのは初めてのようでした。そうとう興奮しているらしく、鼻息が荒くなっているのがわかりました。

「おい、ライトねえのかよ」

電灯をつけると私が目をさますかもしれないと思ったのでしょう、島崎君がそう言うと、中村君が懐中電灯を取り出してきました。

それで私のあそこを照らすんです。いちおう、眠っているふりをしながらも、光が当てられているのはわかるんです。

そうやって見られるのは恥ずかしいのですが、同時にものすごく興奮してしまい、なんだかあそこがムズムズしてしまうのでした。

「あれ？　いま、マン汁が流れ落ちたぞ」

「それはさっきオッパイをもんだからだろ」

「それにしちゃ、タイムラグがありすぎるぞ」

二人は私のあそこを懐中電灯で照らしながらあれこれ言い合うばかりで、ぜんぜんさわろうともしないんです。

いつまでたっても襲いかかってこないので、とうとう我慢できなくなった私は、いきなり体を起こして部屋の明かりをつけました。

「ちょっと、なにしてんのよっ」

中村君はまぶしそうに顔をしかめながら、しどろもどろで弁解しました。

「ごめん。違うんだ、これは。洋子ちゃんのお尻は大きいから俺の短パンだとやっぱりきついんじゃないかなと思って脱がしてあげたらパンティもいっしょに脱げちゃって、どうしようかって島崎と相談してて……」

島崎君はその横で「うんうん」と相づちを打ちつづけています。ほんと、バカバカしい言いわけです。

そんなことにつきあっている余裕はありません。私の体はもう熱く燃え上がり、子宮がきゅんきゅん疼いてしまっていたんですから。

「私の体に火をつけちゃったんだから、ちゃんと責任取ってよね。とりあえず、あなたたちも脱ぎなさいよ」

そのときにはすでに私は全裸にされていましたから、それは正当な要求でした。もちろん彼らに断る権利はありません。

二人ともその場に立ち上がり、私に命じられるまま服を脱いで全裸になりました。するとと股間のペニスは二本とも、もうビンビンなんです。

「す……すごい」

私は思わずため息をついてしまいました。好意を持っていた島崎君の勃起したペニスを見ることができたのは感動でしたが、中村君のペニスがまたすごいんです。太くて長くて、しかも異常なぐらい反り返っているんです。

それはそのときまでに見たペニスの中でいちばん卑猥な形でした。というか、その後もあれ以上に卑猥な形のペニスは見たことがありません。

島崎君とだけではなく、二人同時に受け入れてよかったと私は思いました。

「なかなかいいものを持ってるじゃないの」

そう言うと私は両手で二人のペニスをつかみ、上下にしごいてあげました。

「ううう……洋子ちゃん、す……すごいよ」

「ああぁ、気持ちいい。自分でするのとはぜんぜん違うよ」

二人とも両手を体の後ろに回して股間を突き出し、うっとりした顔で言うんです。

それは手でしごいているこっちまで猛烈に興奮してしまう淫靡な状況でした。

「あら、何か出てきたわ」

島崎君のペニスの先端に透明な液体がにじみ出てきました。

「これは我慢汁だよ」

我慢汁という言葉は、そのとき初めて知りました。

「我慢？　なにを我慢してるの？」

「それは……洋子ちゃんのあそこに入れたいのを我慢してるっていうか……」

モジモジしながらそう言うんです。

もちろん私も入れたくてたまりませんでしたが、すでに経験のあった私は、前戯の大切さを知っていたんです。

「まだダメよ。たっぷり前戯をしたほうが、挿入したときに気持ちいいんだから。だからその前に、まずはお口で気持ちよくしてあげるわね」

私は島崎君のペニスを口に咥えて、首を前後に動かしはじめました。そして、中村君のペニスは手でしごいてあげたんです。

「ううっ……洋子ちゃんのフェラ……うう……最高に気持ちいいよ」

島崎君はかわいい顔を苦しそうにゆがめながら言うんです。私はその顔を上目づかいに見上げながら首を前後に動かしつづけました。

ジュパジュパといやらしい音が鳴り、唾液が私の乳房にポタポタと滴《したた》り落ちました。

そしたら、中村君が悲しそうな顔をして言うんです。

「お……俺のもしゃぶってよ。なあ、頼むよ、洋子ちゃん」

中村君も童貞なので、フェラチオをされた経験はないはずです。同級生が横でフェラチオされているのに、自分は手コキというのが我慢できなくなったようでした。

だけど私は、ちゃんと中村君のもしゃぶってあげるつもりだったんです。ただ、少しだけ差をつけておいたほうが、島崎君が私の気持ちに気づいてくれるかなと思っただけでした。

でも、さっきも言ったように、中村君のペニスのほうがいやらしい形をしていて、私はしゃぶりたくてたまらなかったのでした。

「いいわ。中村君のもしゃぶってあげる」

私は両手にペニスを握り、交互にしゃぶりはじめました。

まっすぐですごく硬い島崎君のペニスと、太くて反り返った中村君のペニス……。それを交互にしゃぶっていると、猛烈に興奮してきて、膝立ちになった私の内股を愛液が流れ落ちてしまうのでした。

「ねえ、洋子ちゃん。二本いっしょにしゃぶれる?」

そうたずねたのは中村君でした。

「二本いっしょに？　そんなの無理よ」

そう答えたものの、私が以前観たAVでもそういうフェラチオをしていたので、ぜひ試してみたいと思っていました。あまりには卑猥すぎて遠慮してたんです。

「試してみようよ。きっと興奮するよ。な、島崎もしてほしいよな？」

「う……うん。してほしいかも」

そう言う島崎君のペニスが私の手の中でピクピク震えるんです。それは想像して興奮しちゃっているということです。

私もあそこがヒクヒク動いてしまうほど興奮してしまいました。

そして、二本のペニスの亀頭をくっつけて、それを口に含んであげたんです。二人とも亀頭がすごく大きいから、唇が切れそうになりましたが、それでも私は二本のペニスを口に含んだ状態で舌をペロペロと動かしつづけました。

「ああ、ダメだ。気持ちよすぎて……。も……もう出そうだ」

島崎君が苦しげに言うと、中村君も同調しました。

「お……俺も……もう限界だよ。あああ、洋子ちゃん、このまま出してもいい？」

私はなにも返事をせずに、二つの亀頭をペロペロ舐めつづけました。それが私の回答だったのです。

そして二人は同時にうめき声をあげ、生臭い液体を私の口の中に放出しました。

「ああっ、で、出る！」

「おおおっ……出る出る出る……うう！」

ドピュンドピュンと二本分の精液が私の口の中に大量に放出されました。

そして、満足げに息を吐いて二人がペニスを抜くと、私はそれをゴクンと飲み干してあげたんです。

「おお……すげえ……」

「洋子ちゃん、エロすぎだよ」

ちょっとやりすぎたかと思って反省しました。だって、こんなことまでしちゃったら、このあと島崎君と恋人同士になるなんて無理に決まっていますから。

でも、そこで私は吹っ切れちゃったんです。どうせ恋人同士になることがないなら、この3Pをもっと楽しんじゃおうって。

私はぺろりと唇を舐め回して二人に言いました。

「二人ともすっごく濃いのがいっぱい出たわね。ああ、お腹のあたりが温かくなってきたわ」

お腹だけではなく全身が熱くほてっていました。そして中村君と島崎君も、いまあんなに大量に射精したばかりだというのに、ペニスはビンビンに勃起したままなんです。

そのペニスを自分でしごきながら、島崎君が言いました。

「ねえ、もうオマ○コに入れてもいいかな？」

一刻も早く童貞を卒業したいという思いが伝わってきます。

「いいわよ。私ももう入れたくてたまらないの」

だけど、相手は童貞です。これ以上手間取るのはいやだったので、私は島崎君に布団の上にあおむけになるように言いました。

「えっ？　これでいい？」

言われるまま、島崎君は素直にあおむけになりました。その股間で切り倒された大木のように横たわっているペニスを右手でつかんで先端を天井に向け、私は膝立ちで島崎君の体を跨《また》ぎました。そして亀頭を膣口にそっと押しつけました。

中村君も私の気持ちがわかっているらしく、「俺のほうが先だ」とか言って出しゃばってきたりはしませんでした。

だから私は中村君のペニスをつかみ、それを自分の口元に引き寄せてあげたんです。

「中村君のはとりあえずもう少しお口で気持ちよくしてあげるわ。もちろんあとでオマ○コにも入れさせてあげるから安心して」

「お……おお、ありがとう」

中村君は律儀にお礼を言って、私の口元にペニスを押しつけてきました。それを口に咥え、ジュパジュパとしゃぶりながら私はゆっくりとお尻をおろしていきました。

すでにすっかりとろけてしまっていた私のあそこは、島崎君の大きくなったものを簡単に呑み込んでいきました。

「おおお……入っていくよ。ううう……。洋子ちゃんのオマ○コに俺のペニスが入っていくよ……。ううう……あああ、気持ちいい……」

完全に腰をおろしきると、ペニスが全部私の中に埋まりました。

「ああぁん、奥まで届くぅ……。島崎君のペニス、すごく気持ちいいわぁ……」

いったん中村君のペニスを口から出してそう言うと、私はまたペニスを口に含み、腰を前後左右に動かしはじめました。

「おおお、す、すごいよ、洋子ちゃん……。ううう……気持ちいい……。セックスって、こんなに気持ちよかったんだね」

下から手を伸ばして乳房をもみながら、島崎君はうれしそうに言いました。

もっと島崎君のペニスを味わっていたかったのですが、中村君も待ちわびている様子でしたし、それに彼の反り返ったペニスも気になったので、私は腰を上げてペニスを抜きました。

「今度は中村君のを入れてちょうだい。島崎君のはお口でしてあげる」

私は四つん這いになって島崎君のペニスを口に咥えました。そしたら中村君がバックから私のあそこにペニスを挿入してきたんです。

「あああ、入っていく……。ううっ……狭い……すごくきついよ。でも、ヌルヌルしてて……あああっ……気持ちいい……」

しっかりと奥まで挿入してしまうと、中村君は私のお尻を両手でつかみ、腰を前後に動かしはじめました。その動きは徐々に激しくなっていき、パンパンパン……と拍手のような音が鳴り響きました。

しかも中村君のペニスはすごく反り返っているので、ほかの人とのセックスだと当たらない箇所をゴリゴリこすられて、むちゃくちゃ気持ちいいんです。

もうフェラチオをしている余裕もなく、私は喘ぎ声を張りあげてしまいました。

「ああ、ダメ。はああん、イク～！」

ぐったりと布団の上に私が伸びると、今度は島崎君がまた正常位で挿入してきました。そして中村君に対抗心を燃やしてものすごく激しく腰を動かすんです。

「どう？　これ、気持ちいい？」

一度イッたばかりの女体にそのピストン運動は気持ちよすぎます。

「あっ、ダメダメダメ……。あああん、またイク～！」

私はまたすぐにイッてしまいました。

そしたら今度はまた中村君にバトンタッチして、激しく抜き差しを繰り返して私をイカせて、また島崎君に代わり……ということを何度も繰り返すんです。

彼らは童貞を卒業したばかりでしたが、すぐに交代するために、なかなかイカないんです。そのため、私ばかりが何度も何度もイキまくってしまい、最後には完全に失神してしまったのでした。

いま思い出しただけでも、あそこがヌルヌルになってしまうほど興奮したセックスでした。

二人とは大学を卒業してからは一度も会っていません。彼らはいまころどうしているかと、ときどき思い出すんです。できたら、もう一回、中年になった彼らのテクを駆使した3Pをしてみたいなと思ったりしています。

かわいい学生アルバイトを逆セクハラ深夜のコンビニ待機室で強烈アクメ

笹原ゆかり　アルバイト　四十歳

私がコンビニに勤めて三年ほどたった今年の正月のことです。

五人いる学生アルバイトの四人までが郷里に帰ったり旅行に行ったりでシフトに入れませんでした。

子どもはなく夫とは別居中で独り身の私は、ふつうに出勤できます。そのため、同じくなんの予定のなかった裕斗《ゆうと》くんと二人で深夜勤に出ることになりました。

実は裕斗くんのことは前から目をつけていました。なかなかにかわいい顔をしていて、最近の子には珍しく従順で口答えもしません。彼女もいないようですし、さりげなくボディタッチをしても顔を真っ赤にしてうつむく程度で拒否したり文句を言ったりもしません。

こんなチャンスはなかなかありませんから、私はこの正月出勤の際に、裕斗くんともっと仲よくなろうと心に決めていたのです。

二年参り帰りの客もひと段落した深夜、交替で休憩を取るためにまず裕斗くんが待機室に行きました。

そのタイミングを逃すわけにはいきません。私は無人の店内をほったらかして待機室に向かいました。待機室には防犯カメラのモニターがあり、お客さんが来たらわかるようになっているので、それほどの不都合はないのです。

こっそりと待機室のドアを開けて忍び寄ると、裕斗くんは売れ残って返却するために積み上げられた雑誌の一冊に読みふけっていました。女体の肌色が開いたページいっぱいにあるのが見えました。

「何？　エッチな本？」

背後から声をかけると、裕斗くんは仰天して本を閉じました。

「びっくりした！　な、なんですか？」

一時期はコンビニの本棚の半分くらいを占めていた成人雑誌も、最近ではコンビニチェーンによっては入荷しないところもあります。しかし、私が勤める店ではまだ入荷しています。ちなみに裕斗くんが背後に隠したの成人雑誌は、いわゆるロリ・ＪＫものではなく、人妻・熟女系だったので、私はちょっと安心しました。

「恥ずかしがらなくてもいいじゃない。若い男の子なんだから。エッチなのは健康な証拠でしょ？」

「いやまあ、エッチとかそういうことではなく、どんなものかなと、ちょっと興味本位で見てただけですから……」

なおもしどろもどろに言いわけする裕斗くんがかわいくて、私はつい意地悪な気持ちになって、裕斗くんの手から雑誌をひったくってペラペラめくりました。

「へえ、こういう人が裕斗くんのタイプなの？　でもその若さで『人妻・熟女』って、けっこう渋好みなのかしら？」

「ですから、好みとかそういうことではなくて……」

「じゃあ、やっぱり女子高生とかセーラー服が好きなの？」

「そんなことないですよ。というか、そっちのほうがオジサン趣味っぽいですけど」

「そうなの？　ホントはロリコンなんじゃないの？」

なおも突っ込んで言い募《つの》る私に開き直ったのか、裕斗くんはイスに座りなおして、あらためて私に向き直りました。

「同年代の女子って、身の回りにふつうにいるから、ありがたみというか、非日常感がなくて、あんまりエッチな妄想の気分にはならないというか……」

「じゃあ、年上好き？」

「……まあ、そうですね」

裕斗くんはあきらめて認めました。顔を赤くしてそっぽを向いたのがかわいくて、胸の奥がキュンとしました。

「ねえ、その真っ赤なかわいいほっぺにチューしていいかしら？」

つい、そんなことを言ってしまいました。

「……それ、男女逆ならセクハラですよね？」

「そうかもね。裕斗くんはセクハラ嫌いなの？」

「いや、好きとか嫌いとかじゃなくて、セクハラはいけないことだという話で……」

「だから、いけないことは嫌いなのかって訊いてるの。私、いちおう年上だけど、裕斗くんの好みからははずれてるかしら？」

私はじわじわとにじり寄って身を乗り出し、そっぽを向いたままの裕斗くんの頬に唇を近づけました。

「ねえ、チューしちゃうよ？」

口ごもる裕斗くんの頬に私はチュッと音を立ててキスをしました。

「あ、ホントにしてるじゃないですか。だからそれ、セクハラですよ」

「そんなこと言って。ホントはいやじゃないくせに」

裕斗くんの股間は大きく盛り上がってテント状態になっていました。

「おっきくしちゃってるんでしょ？」

「え？ 何がですか？」

ごまかしているのか天然なのか、そんなことを言う裕斗くんに、思わず私は手を伸ばしてそこをわしづかみにしました。

「あぁあ……！」

かわいい声をあげて、裕斗くんの腰が引けました。でも逃がしません。私は張りつめたズボンの股間をしっかりとつかんだまま、形を確かめるようににぎにぎと緩急を加えて握りました。

「おっきい！」

思わず口に出てしまうくらいに立派なおち○ちんでした。

前々からなんとなくは気づいていましたが、実際に手で確かめると重量感がはっきり違いました。

「ちょ、やめてくださいよ……」

「ねえ、裕斗くん、ホントにいやなら、逃げちゃえばいいじゃない？ こんなにがっしりした肩幅で、筋肉で、力だって強いんだから、私みたいな華奢《きゃしゃ》なオバサン、押しのけちゃえばいいだけじゃない？」

私はさらに続けました。

「でもそうはしないのよね。どうして？　優しいから？　そうかもしれないけど、それもあるかもしれないけど、それだけじゃないわよね？　ホントはいやじゃないんでしょ？　私にこうされてうれしいんじゃない？」

また口ごもる裕斗くんでしたが、股間はむくりとひと回り大きくなりました。

「ここは正直みたいじゃない？」

裕斗くんはますます顔を真っ赤にしてうつむいてしまいました。

「……すみません」

なんてかわいいんでしょう。素直に謝ることのできる若い子は稀少だと思います。

私は優しい気持ちになって、裕斗くんにしなだれかかりました。

「おバカさんねえ。謝ることなんかないじゃない。若い男の子のコレが元気なのはあたりまえだし、素敵なことなんだから」

私は耳元でささやきかけました。ついでに耳たぶにチュッとキスすると、裕斗くんはまた、「あぁあ」とかわいい声で喘ぎ、むくっとさらに股間をふくらませました。

「でもね、せっかくおっきくなったコレを、そのまま使わないのはいけないことだと思うの。こんなに立派なモノぶらさげて、それを、毎日毎日人妻とか熟女のハダカ想像しておっきくしてるんでしょ？　むだにおっきくするだけで、そのままほったらかしにしちゃうんでしょ？」

「いや、毎日って……まあ、そうかもしれませんけど。あと、ほったらかしっていうか、そりゃ、自分で出したりはしますけど……」

「そんなのだめよ！」

私は股間を懲《こ》らしめるみたいにぎゅっと握って言いました。

「あのね、コレは、誰かをしあわせにするためにおっきくなるの。それを自分で出しちゃうなんて。ホントにだめなこと。それに、自分だけ一人気持ちよくなったって、むなしくない？」

「でも、相手がいませんから……」

私はここぞとばかりに裕斗くんの顔をのぞき込み、至近距離でしっかり目を合わせました。彼の瞳に自分の淫蕩《いんとう》な顔が映るのが見えるくらいの近さです。

「だから、私が出してあげる。そのかわり、私のこともしあわせにしてくれる？」

私は事務イスを半回転させて自分のほうに向けさせて、その場にしゃがみ込みました。そのまま股間をズボンの上からこすり立てます。

「ねえ、いやならいやってはっきり言ってね。これはパワハラでもセクハラでもないんだからね？　いやがるのを無理やりどうにかしてるわけじゃないんだからね？」

私は裕斗くんの顔を見上げてそう言いました。

私の顔をまともに見ることもできずに、潤《うる》んだ目を泳がす裕斗くんでしたが、その間も私の手はズボンの上からおち○ちんを握ったりこすったり刺激しつづけていますから、断れるわけがありません。

「いやじゃ、ないですけど……」

私は待っていたその一言ににっこり微笑むと、チャックをおろして手を差し入れ、ブリーフの前開きを押し広げてナマのおち○ちんに指を絡ませました。また裕斗くんがかわいく喘ぎます。

おち○ちんを引っぱり出すと、天井灯の明かりに、つるつるの亀頭がてらてらと照り返しました。

「やっぱりおっきい……」

思わず溜息が洩れるほどの立派な男性器でした。これまで見た中でまちがいなくいちばんです。大きさも硬さも、その威風堂々とした形状も。

私はひと目でコレが大好きになりましたし、もちろん裕斗くんのこともっと好きになりました。

「恵方巻きは、大口開けてぱっくり咥え込むのが正しい食べ方なんだってね？」

翌月に控える節分のキャンペーンのポスターが視界に飛び込み、つい冗談めかしてそう言った私は、いきなりおち○ちんにかぶりつきました。

恵方巻きのことを太巻きと呼んだりもしますが、裕斗くんのおち○ちんはまさに太巻き並でした。魚介類の生臭さに似た、つんと鼻を突く性臭というか若い男の匂いが鼻腔を刺激します。口いっぱいと表現してもけっして大袈裟ではないくらい、口の中がおち○ちんでいっぱいになりました。舌を絡ませるのもやっとです。

口に含みきれない根元には指を絡め、ヨダレを塗り伸ばしてぬるぬると愛撫しました。深く浅く、私は髪を振り乱し、ピストンさせてフェラチオにふけりました。

あごがはずれてしまうのではないかというくらい限界まで大きく開いた口の端からは、じゅぷじゅぷと泡立ったヨダレがふきこぼれ、事務イスの布地にしみ込み、また床に垂れて小さな水溜りをいくつも作りました。

「うぐ、うぐぅう、おえ、うぇぇえ、あぐぅう……！」

亀頭の先端にのどの奥を突かれ、嘔吐《おうと》反応に何度もえずきながらも、私は夢中になって裕斗くんのおいしいおち○ちんを口いっぱいに頬張って、フェラチオを続けました。

「あぁあ、ああ、だめです。もう我慢できません。出ます。出ちゃいます……！」

私はおち○ちんにかぶりついたまま上目づかいで裕斗くんを見上げ、うんうんと何度も小さくうなずきかけました。我慢なんてしなくていいからそのまま出しちゃいなさい、という意味でした。

意図は伝わり裕斗くんが快楽に身をまかせるのがわかりました。わきに抱え込んだ彼の筋肉質な太ももに力がこもり、ぎゅっと硬くなります。

ああ、この子はいまから射精するんだなと思い、私はまた胸がキュンとなりました。力強い筋肉で暴力的に発射される精液を想像して、私の下腹、子宮から股間にかけてが、じんじんと熱を持って充血するのが自覚できました。にじみ出した愛液が下着を汚しているはずでした。

裕斗くんのかわいい喘ぎ声を頭上に聞いたかと思うと、次の瞬間、口いっぱいのおち○ちんがさらにぶわっと膨張して、ものすごい勢いの精液の噴射がのどに直撃しました。粘度の高い精液がのどに詰まり窒息してしまいそうでした。

それでもかまわないと思って奔流を受け止めます。

ごくんごくんとのどを鳴らして飲んで、飲み込んで、飲み下しました。

裕斗くんが深い溜め息をついてイスに脱力しても私は深々と咥え込んだ彼のおち○ちんを口から吐き出すことなく、そのまま舌を這わせて舐めしゃぶり、尿道口にちゅうと吸いついて最後の一滴まで搾り取って飲み干しました。

「こんなに気持ちよかったのは初めてです……」

裕斗くんはそう言いながらも、おち○ちんはまだ完全に萎《な》えていませんでした。先ほどのようなガチガチのフル勃起ではないにしても、まだ十分に勃起の範疇《はんちゅう》と言っていいくらいの状態を保っていました。私は少なからずびっくりしました。

「どうして？　どうしてまだおっきいままなの？　そんなことってあるの？」

どうやら裕斗くんにとってはふつうのことらしく、きょとんとして私がなぜ驚いているかも理解できない様子でした。

離婚した元夫も含め、私がこれまでセックスした相手は、射精がすむと情けないくらいにペニスをしぼませて、さっさと寝てしまうかシャワーを浴びにいってしまうかでしたが、裕斗くんはそうではないようでした。

若さということなのでしょうか。それとも個人差なのでしょうか。とにかく私は感動して、裕斗くんのことも、おち○ちんのことも、ますます大好きになりました。

「じゃあ、このままできる？　私、パンツ脱いで、跨《また》がっちゃってもいいかしら？」

「ええ？　ここで最後までしちゃうんですか？」

裕斗くんは意外そうに言いました。どうやらそれは彼にとって想定外だったようで
「ここ、狭いし……」とか、そんなつまらないことを言うのです。もしかして童貞かとも思いましたが、そういうわけでもないみたいです。

「だって、私はまだしあわせになってないじゃない？」

「だったら、交替して、今度はぼくが舐めたりしてもいいですけど……」

あ、それいいかもと一瞬思いましたが、やはり納得できません。マザコン少年が母乳を求めるように乳首に吸いつくところとか見てみたいし、稚拙《ちせつ》ながらも熱心極まりない切実なクンニリングスとか味わってみたい気はしましたが、それはあくまでも心身ともに余裕があるときのお楽しみで、いま求めているのはそういうことではないのです。

先ほどのフェラで、肉体の芯にとっくに火がついてしまっているのです。ぼうぼうと性欲の炎が燃え盛っているのです。大好きな裕斗くんのおち○ちんにまだ余力が残っているなら、ちゃんと食べ尽くしたい、味わい尽くしたいと思っているのです。

「でも、入れるには、もっとちゃんと勃《た》ってからじゃないと……」

男の子には男の子なりのこだわりやプライドがあるみたいでした。元夫を含む中折れ中年男や虚弱男子に聞かせてやりたい気もします。彼らよりはずっと立派なおち○ちんでも裕斗くんには十分じゃないのでした。

そういうことなら仕方ありません。

「わかった。じゃあ、元どおりになるまでずっと舐めててあげるわ」

私はそう言うと、返事も待たずにフェラチオを再開しました。私としては、とにかくこのかわいいおち○ちんを、ひとときたりとも手放したくなかったのです。

でも、元どおりの完璧な勃起力を取り戻すのにそんなに時間はかかりませんでした。私としてはもっと長い時間舐めていてもけっして飽きることはなかったと思いますが、せいぜい五分か十分くらいでした。私が見込んだだけのことのあるさすがの回復力でした。

「じゃあ、いいのね？ 入れちゃうわよ？」

私は、とっくにびしょ濡れでおもらししたみたいに不快に肌に張りつくパンツを脱ぎ捨てるのももどかしく、スカートをたくし上げて、イスに座ったままの裕斗くんに跨りました。そして、逆手につかんだおち○ちんを女陰に誘導して、膣口に亀頭を押しつけます。

ぬるぬるとお互いの体液をなじませ、角度的に狙いを定めると、じわじわと体重をかけて身を沈めました。

「はぅうんんん！　んあぁあああああ！」

ずぶずぶと巨根に性器を押し広げられて、私は悲鳴に近い喘ぎ声を大声で叫んでしまいました。予想はしていたものの、はるかに上回る衝撃でした。

初体験のことなどとっくに忘却の彼方でしたが、もしかしたら破瓜以来の衝撃ではないかとさえ思いました。

私があっという間に絶頂まで昇りつめてしまったのは言うまでもありません。

「ああ！　イク、イク、イッちゃう。ど、どうして？　まだ入れたばっかりなのに！き、気持ちいい。ホント、イイ。イッちゃうぅう！」

私は大声で叫び散らしながらあっという間のオーガズムを迎えましたが、裕斗くんの力強いピストンは止まりません。先ほど射精したばかりの彼にはその兆《きざ》しすらなく、がんがんと容赦なく私を突き上げるのでした。

男の子の筋力は痩《や》せっぽちの中年女の体を膝の上でもてあそぶくらい簡単なことでした。

私は裕斗くんの膝で飛び跳ねつづけました。がっくんがっくんと、中途半端に糸の切れた操《あやつ》り人形みたいに、不格好に狂ったダンスを踊らされつづけたのです。

「ああ！　もうだめ。それだめ。気持ちよすぎて、困るぅう。またイッちゃうよ！　だめぇえ！　イク、イク、イッちゃう。だめだから。我慢できないから！　だって、ほら、ほらほら、すごいの来る、すごいの来ちゃうよぉう！」

私の肉を貫いた裕斗くんの凶暴なおち○ちんが、膣内で暴れ回って引っかき回して、もう私の内臓も体内組織も何もかも無茶苦茶にして、致命的に破壊し尽くしてしまいそうでした。

「だめだめ、だめぇえ！　それ以上やったら、壊れちゃう。私、壊れちゃう！　オマ○コ、壊れちゃうよぉう！」

すっかり立場が逆転していました。若い男の子をもてあそぶ熟女は虹の彼方に消え失せて、可憐《かれん》で幼い少女が屈強な悪漢に無理やり犯されていました。でもそれはぜんぜん悪い気分ではありませんでした。

かわいいバイトくんの前で自分もまたかわいい少女気分を味わえるなんて、二重三重に倒錯して逆に夢心地だったのです。

そんなふうにして、結局私は一度ならず二度も三度も立てつづけにイキまくり、その夜は最高の深夜勤務になったのでした。

以来、裕斗くんとの関係は続いています。お互いの部屋を行き来しますが、デートはしません。出歩いても母親と息子にまちがえられるに決まっていますし、そんな屈辱は望むところではなく、私はただかわいい裕斗くんのおち○ちんを思う存分にむさぼりたいだけなのです。

だからセックスばかりしています。

個人的にはコンビニ店内でいちゃいちゃするのも好みです。商品整理する私のお尻を背後から裕斗くんが痴漢みたいにさわったり、スカートに手を突っ込んでアソコをまさぐったり、お返しとばかりに私がレジに立つ裕斗くんのカウンターの足元に這いつくばってフェラチオしたり。そしてお互いに我慢できなくなると、また控え室でセックスするのです。

しがないコンビニ従業員の役得といったところでしょうか。

世間的にはブラックなどとも称されるコンビニ業界ですが、これからも当分辞めるつもりはありません。

初めての不倫に気持ちを高揚させ大人のおもちゃの快感に溺れる私

中井紀代美　事務職　四十五歳

結婚二十年目にして、初めての不倫に夢中になっています。五歳年上の夫とはもう十年近くセックスレス状態ですが、これは年齢のせいというよりも、そもそも性格が合わなかったのだと思います。

いまは夫婦とはいえ、ただいっしょに暮らしているだけといってもよいでしょう。会話もほとんどなく、外で何をやっているかさえ、お互いあまり関心がないというのが正直なところです。

早い段階で子どもができていれば、また少しは違った暮らしを送っていたのかもしれませんが、かといって、いまさら離婚する気もありません。

これもまた子どもがいないからなのですが、結婚してからも私は仕事をやめていませんでした。仕事は、中堅建設会社の経理部に勤務しています。それもあって、考えてみれば独身時代とそう変わらない生活だといえるでしょう。

数年前から夫が浮気をしていることにうすうす感づいていましたが、先に書いたような情況でしたから、女性としてのプライドが少し傷ついたものの、それ以上はなんとも思いませんでした。

ただ、私も女盛りで、対抗意識というわけではありませんが、もしもチャンスがあればと思うきっかけにはなっていたと思います。

そんなときに人事異動で私の働く支社に本社からやってきて上司になったのが、土《つち》屋《や》部長でした。一年と数カ月ほど前のことです。

経理部では古株になっていた私が、勤務してる支社の細かいことをあれこれと部長に教えることになったおかげで、親しくなるのにさほどの時間はかかりませんでした。

部長が二つ年上で、高校生の一人娘がいることや、奥さんが趣味のホームガーデンに夢中だ、などと雑談で聞かされました。

「三人家族だけどさ、娘は難しい年ごろでろくに口もきいてくれないし、女房は暇さえあれば土をいじってて色気ないし。週末ともなれば、それぞれ友だちやら園芸好きの仲間といるほうがいいみたいで、オレだけ仲間はずれなんだよな」

そう言って、穏やかな表情に苦笑を浮かべる部長に、私は孤独な者同士の共感に近いものを感じ、ほどなくして男として意識するようになったのです。

そんな二人が初めて不倫関係になったのは、一年ほど前のことです。

その日、残業で帰りが二人になってしまい、どちらともなく軽い食事でもしていこうかという流れになりました。

手近な居酒屋に入ってからは、仕事のことよりもそれぞれのプライベートの話題で盛り上がり、同情し合うという雰囲気になりました。

やがて、部長がテーブルの下でそっと手を握ってきたのですが、私は待っていたとばかりに握り返しました。それほどに、求め合う二人の気持ちは重なっていたのです。

居酒屋を出たあと、どちらからともなく腕を組み、繁華街のはずれにあるラブホテルへ向かったのも自然な流れだったのでしょう。

私にとって、ほんとうに久しぶりのセックスでした。それは、部長も同じだったようです。そのせいでしょうか、正直に言うと部長との初めての体験は、予想以上に手間取ってしまったのでした。

お酒のためかわかりませんが、一度は硬くなった部長のペニスが、いざとなると柔らかくなってしまうのです。

結局、セックスレスになる前でも夫にはめったにしなかったフェラチオで、なんとか部長のペニスを奮い立たせて、苦労した末にやっと挿入できました。

それでも私の中でまたすぐに元気をなくしてしまい、なかなか発射しないまま、気がつくともう終電の時間を迎えてしまったのです。

「初体験のときを思い出しちゃった。最初は誰でも苦労するものね」

申し訳なさそうにしている部長に、私は冗談めかして言ったのですが、内心では中途半端な気分でした。

それでも、私は逆にますます部長と楽しみたいという欲望が高まってしまったのですから、女心とは不思議なものですね。

一方の部長も、次こそ私を満足させたいと思ったことをあとから聞きました。そんな気分だからこそ、私と部長の不倫関係はますます燃え上がってしまったのでしょう。

そして迎えた二度目のチャンスは初めての夜から半月後、どうしても仕事が週内に片づかず、休日出勤になった土曜日のことでした。

残った仕事が終わり時計を見ると、午後の二時を越えたあたりです。ほかの経理部員に気づかれないよう目配せする部長にうなずいた私は、わざと先に会社を出ました。

待つほどもなく部長からスマホに連絡があり、前回と同じホテルのすぐ近くのカフェで待ち合わせました。

すぐにやってきた部長と、軽くビールで乾杯し、二人はリラックスします。

「今日は時間がたっぷりあるから、あせらなくて大丈夫ね」

明るいうちから飲んだビールのせいでしょうか、頬が赤くなっているのが自分でもわかりました。口調も社内とは違って、親しい人間に接するそれになっています。

部長は、いたずらっぽく私に笑いかけると、声をひそめました。

「今日はちゃんと準備しているから、期待していいよ。この間は、まさか中井《なかい》さんといきなりあんなことになるなんて思わなかったし」

「準備って？」

「それは、部屋に入ってからのお楽しみ」

そう言って、部長は立ち上がりました。

店を出た私たちはすぐに腕を組み、先日と同じホテルに入ります。

部屋に入ってから軽く入浴した私は、バスタオルだけを巻いた姿でバスルームの扉を開けました。

先にシャワーを浴びて待っていた部長は、トランクス一枚で大きなベッドの端に腰かけ、缶ビールを飲んでいます。

「また飲みすぎると、上手くできなくなっちゃうんじゃない？」

「今日はコレがあるから大丈夫だよ」

部長は、自分の傍の掛け布団を目で指し示しました。

「え？」

そこにあったのは、いわゆる大人のおもちゃでした。話に聞いたり、エッチな雑誌の広告で見たことはありましたが、実物を目にするのは初めてです。

「実は昔から、大人のおもちゃが大好きでさ。女房がいやがるから、使わなくなったんだけど。中井さんもいやなら使わないけど、一度試してみない？」

「う〜ん、どうしよう。ちょっと怖いけど」

言いながらも私は、男性器を模したその黒いバイブから目が離せませんでした。嫌悪感というよりも、ペニス以外のものが私の中に入ってくるという経験をしたことのない行為に、軽い怖さに似た感情が先に立ちます。

なにより、私にとってセックスは、生身の男性を相手にするものだという考えがありました。おもちゃを相手にするなど、やはり抵抗感がないといえば嘘になります。

その一方で、そのバイブが自分の中に侵入するシーンを想像すると、何か体の奥でゾクゾクとする感情がわき上がってきたのも事実です。

迷いながら私は、はっきりと返事をせずにベッドに上がりました。

それで私が了解したと思ったのでしょう、部長はバイブを手にして、足もとに回りました。

「それじゃあ、脚を開いてみせて。無理そうだったらやめるけど、これは初心者向きのタイプだから、大丈夫だと思うんだけどね」

「あんまり乱暴にしないでね」

小さな声で言った私は、部長の言葉に従い、ベッドサイドの灯りのなか、大きく脚を広げてあの部分を剝き出しにしたのでした。このとき、羞恥心や恐怖心よりも、初めての大人のおもちゃへの興味と期待のほうが勝っていたのだと思います。

そんな私を見おろした部長が、バイブのスイッチを入れました。

私の視線の先でウィン、ウィンと独特の機械音が小さく響き、バイブの全体がうねるように動きはじめます。

その動きと音に、また恐怖心が湧き上がりました。

（やっぱり、断ろうかな。でも、いま断ったら、私を楽しませようとこんな準備までした部長も、ガッカリしてしまうかも。少し試してみて、ダメだったらすぐやめてもらおう）

そんなことを考えながら私は、覚悟を決めました。

ベッドの上で腹這いになった部長は、無遠慮に私のアソコに顔を近づけて言いました。それこそ、息がかかる距離です。

「中井さんのこの部分って、毛が薄いからよく見えるね。きれいでエロい眺めだ」

「そんなこと言わないで」

急に恥ずかしさがこみ上げてきた私は、顔を両手でおおってかすれた声でやっと言いながらも、その一方ではカーッと体が熱くなるのを自覚しました。

（そんなおもちゃじゃなく、本当は部長のが欲しいのに！）

できればそう訴えたい気分でした。

とそのとき、バイブの機械音が停まりました。

「まだ何もしていないのに、すごく濡れているよ。でも、これを使う前に、もう少し楽しみたいな」

次の瞬間、熱くぬめった舌先の感触が私のアソコを押し広げます。

「あっ！」

短く声を発した私の腰は、無意識のうちにビクンと震えました。

部長はそんな私の太ももを両腕で抱え込んで動きを抑えると、さらに引き寄せます。

自由に動くようになった舌先は、アソコを左右に広げ探し当てたクリトリスを舐め上げました。

「ああっ！」

頭に突き抜ける快感に、腰がまたビクンと跳ね上がろうとしますが、部長は腕に力を込めて私の下半身を押さえ込みます。

私はシーツを強く握りしめ、嫌々をするように体を左右に揺するしかできません。その動きのせいで、かろうじて上半身を隠していたバスタオルははだけてしまい、ベッドの上の私は丸裸になっていました。

私のそんな反応を楽しむためでしょうか、部長はしばらくの間、ピチャピチャと音を立てて舌を使っていましたが、不意にその動きを止めると体を起こしました。

「中井さんって、まじめそうに見えてほんとうにエッチなんだな。これだけで、アソコはビチャビチャになっちゃったし、乳首もビンビンに硬くなってる」

そんな言葉とともに、部長の舌は立ち上がった私の胸に移動します。

とがった乳首を吸われた瞬間、すでに半ば満たされていた私のなかで、新しい快感が走りました。

そして、気がつくと私は部長の頭を強く胸に抱き寄せて、さっきまでは思ってもいなかった言葉を口にしていたのです。

「ちょうだい！　さっきのアレを早くちょうだい！」

「アレって何のこと？」

まだ焦らすつもりなのか、顔を上げた部長は意地悪く聞き返します。

「バイブを入れて！」

私の返事に、部長はいったん私から体を離しました。

薄目で様子をうかがい、部長がバイブを手に膝でにじり寄ってくるのを見た私は、自分から脚を大きく広げました。

「じゃあ、いいかい？」

部長はバイブのスイッチを入れないまま私の濡れたアソコにあてがい、しばらく先端でこね回すと、一気に押し込みます。

「あーっ！」

アソコを強引に広げながらも入ってくる生身のペニスとは違う初めてのおもちゃの感触に、私は絶叫しました。

「これからが本番だよ」

興奮に声を上ずらせた部長は、私の奥深くまでバイブを侵入させたまま、スイッチを入れました。

すぐにバイブはうねり振動し、私のアソコの内部をかき回します。

それだけではありません、部長はうねうねと動くバイブに小刻みにピストン運動や、左右にひねる動きを加えたのです。

バイブのそんな動きに、私は体をよじってシーツを強くつかみ、ただ叫びをあげつづけることしかできませんでした。

「あっ、あっ、気持ちいぃ！　すごぃ！　気持ちいいのぉ！」

「じゃあ、これはどう？」

部長は、アソコに埋《うず》められたバイブの深さや位置を慎重に探ります。

突然、アソコの中から体全体に広がるしびれに似た快感に加え、今度はクリトリスを細かく刺激する快感が、電撃のように私を貫きました。

「あーっ！　だめぇ、だめになっちゃうぅ！」

その瞬間、重なり合った快感に、私は自分を失ってしまったのです。

自分の体がコントロールできなくなり、勝手にビクンビクンと痙攣するのを止めることができませんでした。

最初は何が起こったのか気づかなかったのですが、私のアソコから抜いたバイブの根元からは小さな突起が斜めに突き出していて、クリトリスを刺激する構造になっていたのです。

しばらくの間、断続的な痙攣を繰り返しながらぐったりと横たわり、ただ荒い息をついていた私が薄く開いた目の前には、部長のペニスが硬く反り返っていました。先日とはまるで別物の逞しさは、好きだという大人のおもちゃを使ったプレイに興奮した結果なのは明らかです。

私は震える手を伸ばすと、その反り返ったものを握り、あたりまえのようにフェラチオによる奉仕を始めました。

口の中でさらに硬さを増したペニスは、バイブにも劣らない大きさです。

やがて部長は、私の頭にそっと触れて口からペニスを抜くと、おおいかぶさってキスをしたあと、耳元でささやきました。

「さてと、次はこっちで楽しませてもらおうかな」

大人のおもちゃによって深い絶頂を味わい、すっかりとろけたようになった私のアソコにペニスが突き刺されます。

「ああっ！　いいっ！」

「バイブとどっちがいい？」

「両方とも、いいっ！」

湿った音を響かせながら、抜き差しをする部長の背中に腕を回した私は、すぐに絶頂に達してしまいました。


結局、許された時間いっぱいまで、大人のおもちゃと部長のペニスの両方に翻弄《ほんろう》された私は、何度絶頂を味わったかわかりません。ただ、腰がしびれたようになり、帰り道で何度かよろけ、部長の腕にしがみついたことは覚えています。

そしてつけ加えるなら、最初はあまり乗り気ではなかった大人のおもちゃに、感じてしまった自分への驚きでしょうか。

もちろん、それからというもの、大人のおもちゃを使っての部長とのセックスから離れられなくなってしまいました。

最近では自分でも恐ろしいくらいに大胆になってしまい、会社でも大人のおもちゃを使った行為に溺れています。

主に遠隔操作リモコンつきのバイブレーターがその道具です。

部長と私がそんな気分になった日は、トイレで小型のバイブをヴァギナに挿入し、自重で抜け落ちないように下着と一体型になったベルトで固定します。

そこにはリモコンの受信装置もあって、部長がそのリモコンでスイッチのオンオフや強弱を調整する仕組みです。

退社後、デートの前の飲食店や公園に始まり、勤務中にも装着したままのことさえしばしばです。

同じオフィスの同僚に、そんなみだらな自分の正体が知られたら、部長との関係に気づかれたらとドキドキするスリルがすっかり病みつきになってしまいました。

会議中など、私の発言中にスイッチを入れられると、快感を押し殺して発言を続けるのが至難の業ですが、そこをこらえてそ知らぬ振りをするのが、より大きな快感をもたらします。

不倫のスリルとバイブ、この初めての快感の二乗が、私をさらに夢中にさせているのです。

◉読者投稿手記募集中！

素人投稿編集部では、読者の皆様、特に女性の方々からの手記を常時募集しております。真実の体験に基づいたものであれば長短は問いませんが、最近のSEX事情を反映した内容のものなら特に大歓迎、あなたのナマナマしい体験をどしどし送って下さい。

●採用分に関しましては、当社規定の謝礼を差し上げます（但し、採否にかかわらず原稿の返却はいたしませんので、控え等をお取り下さい）。

●原稿には、必ず御連絡先・年齢・職業（具体的に）をお書き添え下さい。

〈送付先〉
〒101-8405
東京都千代田区神田三崎町2－18－11
マドンナ社
「素人投稿」編集部　宛

◉新人作品**大募集**◉

マドンナメイト編集部では、意欲あふれる新人作品を常時募集しております。採用された作品は、本人通知のうえ当文庫より出版されることになります。

【応募要項】未発表作品に限る。四〇〇字詰原稿用紙換算で三〇〇枚以上四〇〇枚以内。必ず梗概をお書き添えのうえ、名前・住所・電話番号を明記してお送り下さい。なお、採否にかかわらず原稿は返却いたしません。また、電話でのお問い合せはご遠慮下さい。

【送付先】〒一〇一‐八四〇五　東京都千代田区神田三崎町二‐一八‐一一　マドンナ社編集部　新人作品募集係

禁断《きんだん》白書《はくしょ》　わたしの衝撃的《しょうげきてき》な初体験《はつたいけん》

編者◉素人投稿編集部【しろうととうこうへんしゅうぶ】

発行◉マドンナ社
発売◉二見書房　東京都千代田区神田三崎町二‐一八‐一一
電話　〇三‐三五一五‐二三一一（代表）
郵便振替　〇〇一七〇‐四‐二六三九

印刷◉株式会社堀内印刷所　製本◉株式会社村上製本所　落丁・乱丁本はお取替えいたします。定価は、カバーに表示してあります。
ISBN978-4-576-20037-8 ◉Printed in Japan ◉©マドンナ社